U0639275

# 给孩子的
# 能量
## 实验室

〔美〕埃米莉·霍贝克
美国国家能源教育发展项目 著
还妍 徐婧 李宁娟 方圆 译

华东师范大学出版社
·上海·

**图书在版编目（CIP）数据**

给孩子的能量实验室/(美)埃米莉·霍贝克，美国国家能源教育发展项目著；还妍等译.—上海：华东师范大学出版社，2018
　　ISBN 978-7-5675-8146-3

　　Ⅰ.①给... Ⅱ.①埃... ②美... ③还... Ⅲ.①能源-科学实验-儿童读物 Ⅳ.①TK01-33

中国版本图书馆CIP数据核字（2018）第194230号

Energy LAB FOR KIDS：40 Exciting Experiments to Explore, Create, Harness, and Unleash Energy
By Emily Hawbaker and National Energy Education Development Project
© 2017 Quarto Publishing Group USA Inc.
Text © 2017 Emily Hawbaker and the National Energy Education Development Project
Photography © 2017 Quarto Publishing Group USA Inc.
Simplified Chinese translation copyright © East China Normal University Press Ltd., 2021.
All Rights Reserved.

上海市版权局著作权合同登记　　图字：09-2018-157号

给孩子的实验室系列

# 给孩子的能量实验室

著　　者　(美)埃米莉·霍贝克
译　　者　还 妍　徐 婧　李宁娟　方 圆
责任编辑　沈 岚
特约审读　戎甘润
责任校对　薛晓红
装帧设计　卢晓红　宋学宏

出版发行　华东师范大学出版社
社　　址　上海市中山北路3663号　　　　邮编 200062
网　　址　www.ecnupress.com.cn
总　　机　021-60821666　　行政传真 021-62572105
客服电话　021-62865537
门市(邮购)电话 021-62869887
地　　址　上海市中山北路3663号华东师范大学校内先锋路口
网　　店　http://hdsdcbs.tmall.com

印 刷 者　上海当纳利印刷有限公司
开　　本　889毫米×1194毫米　1/16
印　　张　9
字　　数　290千字
版　　次　2021年5月第1版
印　　次　2024年3月第2次
书　　号　ISBN 978-7-5675-8146-3
定　　价　65.00元

出 版 人　王 焰

(如发现本版图书有印订质量问题，请寄回本社客服中心调换或电话021-62865537联系)

**40** 个适合全家一起玩的能量实验

从能量视角探究日常生活

将这本书献给我的学生们，

感谢他们点亮我的每一天。

# 目　录

# 前　言

丽兹·李·海拿克

**最近我问了几个孩子**：为什么要去了解关于能量的科学知识？以下是孩子们的回答：

詹姆斯说："因为这样我们就可以学习如何在不耗尽自然能源的情况下，让我们的世界得以运行。"

奥利弗说："可以让我们意识到自己对地球施加的影响。"

莉莉说："了解关于能量的科学知识，我们就能知道开车会污染环境，应该多骑自行车，保护环境。"

莎拉说："因为很多东西都有能量。"

当我和摄影师安柏·普罗卡西尼以及一群聪明可爱的孩子们一起操作书中这些实验的时候，我也学习到了不少关于能量的知识。

书中的一些实验都比较容易操作，也充满了科学的趣味性。比如，孩子们会发现用门铃里的电线、9伏电池、钉子和一些回形针，就能方便地制造出一个电磁铁（实验27）；把发亮的荧光棒放入热水里，荧光棒竟然会变得更亮，这个实验非常有趣，让孩子们知道了热是如何加快反应速度的（实验11）；在自己制作的热量计中点燃奶酪卷能够测量食物的热量，这个实验的味道不太好闻，但是却非常好玩（实验30）。

这本书中的很多实验都向我们揭示了自然资源中的守恒原理。比如，"巧克力豆挖掘比赛"（实验16）向我们展示了，把一个物体拆分后，再想让它恢复原状是极其困难甚至不可能的。

在科学研究中，研究过程和结果一样重要。教会孩子如何在错误中得到经验、如何提出创意、如何坚持，对于培养孩子的创造性思维至关重要。当孩子在尝试多次之后，成功地用铝条和电池点亮灯泡时，他们眼中的光芒比点亮的灯泡更加闪亮。在起初的实验中，电磁发电机不能正常运作，在孩子们面对问题、解决问题的过程中，他们能够体会到隐藏在实验趣味性背后的真正的科学实质。

当我们在整理总结这些实验的时候，我询问了这本书的作者埃米莉：为什么我们应该多了解一些关于能量的知识。她告诉我："几乎我们做的任何一件事情都需要能量。随着我们越来越精通科技，全球每年消耗的能量也越来越多，但我们使用的很多能量都来源于储量有限的不可再生能源。为了确保我们能够为下一代提供可持续使用的能源，我们必须明白应该如何更负责任地使用能源。"

虽然孩子们的语言很纯朴，但他们也表达了相似的意思。今天的孩子就是将来的发明者、创造者，我期待在未来，他们会找到更高效、更友好的使用能源的方式，为我们所有人创造更美好的明天。

丽兹·李·海拿克（Liz Lee Heineke）是《给孩子的厨房实验室》等畅销科普童书的作者。作为一位受过训练的分子生物学家，丽兹非常喜欢和她的三个孩子一起分享科学。也正是源于这份热爱，她创办了自己的网站"厨房里的科学家"。她曾出任NASA（美国国家航空航天局）的地球大使，也曾开发过自己的科学APP。她为家长们提供非常便捷的和各个年龄段的孩子一起探索科学的机会，也为孩子们独立、安全地探索科学提供创意。

# 概 述

丽兹·李·海拿克

能量在我们身边。我们在新闻里听到过它，每天都在使用它，有的时候也会有人告诉我们，我们还有很多很多能量可供使用。到底什么是能量呢？当你把插头插入墙上插座的时候，有没有想过电是从哪儿来的呢？使电灯发光、让汽车行驶的并不是什么神奇的魔术——而是能量，这就是科学。

这本书大人和孩子都可以读！而且可以根据这本书开始你的神奇实验之旅。书里的实验能带领孩子们探索关于能量的方方面面：能量是什么？我们是怎么找到能量的？我们怎样才能节约能量？书里用了诸多与真正的科学研究相似的实验方法，比如预测、观察、测量和总结。这本书虽然是写给孩子的，但是大人们也会觉得非常有趣。

## 实验过程中需要准备什么？

实验中所用到的材料，在家里、杂货店或是超市里都能找到。每个实验在一开始，都会有一个实验材料的清单，如果你找来的东西和实验材料清单上的有一点点不同，也不妨试一下，说不定效果也会不错。

本书中的大部分实验都可以在室内完成，只要有个平整的实验操作台即可，建议离厨房近一点，这样会方便实验后的清理工作。做实验时，要适当清空周围的空间。为了保护实验操作台面，我们时不时地也需要一些塑料台布或废报纸。如果这个实验更适合在室外操作，在实验开始的时候会有友情提示告诉大家。

## 安全是关键！

本书中的所有实验均使用了常见的材料，操作过程也都非常安全。但是如果你有防护眼镜的话，建议你在实验过程中全程佩戴。就像我们在实验室进行实验操作一样，实验过程中一定要遵守和注意安全事项。

## 时间和人员准备

在实验开始之前，关注一下完成这个实验所需的时间。这本书里的实验大多在1小时内或更短的时间内就可以完成，但也有几个实验需要我们持续几个小时或几天进行观察和测量。

有些实验操作起来非常方便，可以由一个人完成。也有一些实验相对复杂一些，需要更多人帮忙。如果实验标注为"这个实验很简单，单人就可以完成"，说明这个实验的装备和实验后的清理过程都比较简单，实验操作也不需要额外的帮忙和指导。如果实验标注为"找个实验伙伴一起做"，说明这个实验需要额外的帮助和指导。如果这个实验标注为"这个实验需要大家一起做"，说明这个实验在操作的时候需要一些技巧，如果和朋友、家人一起做实验的话，会更加有趣。

接下来，大家一起来探索科学吧！

找到每个实验中的这个标志，可以看到实验所需的时间、人员准备、清洁注意事项和安全注意事项。

# 关于能量的基本概念

　　能量是什么？你也许听到过有人描述另一个人"非常有活力、能量充足"，或者也许你看到过关于清洁能源的新闻。能量围绕在我们周围，它是我们每日所为或每日所见的一部分。你可以说能量是"物体对其他物体产生作用的能力"或者"令物体改变状态的能力"。能量使得人们可以运动、植物可以生长，能量令机器得以运作、科技得以发展。在我们的身边，我们可以观察到：能量以热、光、声音和运动等形式存在着。

　　这个单元的实验，会帮助你认识到能量存在于我们的身边。做完这些实验，你能观察到很多能量所能做的有趣的事情。你能探索"热"是如何在固体、液体和气体中传递的；你能观察到光是如何传播的；你能测试具有不同能量的物体在不同摩擦力的作用下是如何运动的；你能使声音在不同的介质中传播。这些都是有关能量对物体"产生作用"或令物体"改变状态"的例子。

　　让我们开始神奇的探索之旅吧！

在实验1中，观察对流现象

## 实验

# 1

# 杯子里的对流

**实验时间**

15分钟

**人员准备**

这个实验很简单！单人就可以完成。

**清洁注意事项**

使用食用色素的时候要小心，不然织物、家具、皮肤就会被染上颜色。为防万一，可以在杯子底下垫上塑料桌布或报纸。

**安全注意事项**

使用热水时一定要注意安全。在这个实验中使用到的热水温度比水的沸点略低，大约在85℃-93℃。可以使用厨房用温度计来测量水温。

为什么水池底部的水会比较冷呢？为什么倒入温度较低的咖啡奶球会沉入热咖啡的底部，以至于需要我们搅拌才能使它们混合均匀呢？这个实验将带领我们探索热（或热能）在流体中是如何传递的。

## 📎 实验材料

⇨ 透明的塑料杯

⇨ 冷水

⇨ 食用色素

⇨ 4-5块小石头

⇨ 热水

⇨ 温度计（厨房用或实验用温度计均可）

## 实验步骤

**第1步：** 在1个塑料杯里装入大约 $\frac{3}{4}$ 容积的冷水。

**第2步：** 等待水完全静止。

**第3步：** 加入几滴食用色素。（图1）食

图1：加入几滴食用色素。

用色素发生了什么变化？可以用照片，也可以用图画，记录下你所观察到的实验现象。

**第4步：** 把杯子清空。

**第5步：** 在第二个杯子的底部放入几块小石头。

**第6步：** 在杯子里加入热水，热水的高度要正好盖住小石头。（图2）

**第7步：** 把第一个清空的杯子放入第二个杯子里。（图3）在这个杯子里再次加入冷水。

**第8步：** 在冷水中加入几滴食用色素。（图4）这一次，食用色素发生了什么变化？在这个过程中，拍几张照片、拍摄视频或者用图画，记录下你观察到的现象。（图5）

图2：加入热水直到盖住小石头。

图3：把第一个杯子放在小石头和热水上。

图4：在冷水中加入几滴食用色素。

图5：拍摄照片，记录下你观察到的实验现象。

## 能量跷跷板

自然界中的一切都寻求着平衡，热量（热能）也是一样。热量从温度较高的地方传递到温度较低的地方。如果往一个冷的桶里灌入热水，会发生什么？较热的水分子的运动速度较快并且具有较高的能量。这些较热的水分子和较冷的分子碰撞，释放出了一部分能量。较热的水分子的运动速度降低，失去了一部分能量，较冷的水分子获得能量后，运动速度加快。于是，冷水慢慢变暖，热水慢慢变凉。这个过程会一直持续到所有水的温度变得一样为止。这就像较热的水分子和较冷的水分子在玩跷跷板！

包括固体、液体和气体在内的所有物质，都会发生这样的玩跷跷板的情况哦！

## 科学揭秘

你刚刚在实验中观察到了"热"，那到底什么是"热"呢？"热"是物体里分子因无规则运动而产生的能量。这个物体本身没有运动，但是它内部的分子一直不停地在运动着。这个运动产生的能量就是热能，或者叫做热。热总是从温度较高（能量高）的地方传递到温度较低（能量低）的地方，直到两部分的温度变得相同。

像水一样的液体或者是像空气一样的气体统称为流体。热在流体中的运动过程称为"对流"。

在这个实验里，你在杯子里制造出了对流。当流体的温度变高，温度较高部分的密度变小，这部分便流动到流体的顶部。温度较低部分的密度较大，这部分便沉入流体的底部。这个循环过程会不断进行，直到整个流体温度变得一样。这个过程在本实验所用的杯子里，会持续几分钟，而在更大的空间中或在自然界中，这个过程则需要非常长的时间。

# 实验 2

## 实验时间

至少30分钟

## 人员准备

这个实验很简单！单人就可以完成。

## 安全注意事项

用到灯泡的时候一定要非常小心，亮着的灯泡可能会很烫。

# 海滩的规律

炎炎夏日，你在海滩上嬉戏玩耍，每当你踩过沙滩，跑到海水里，你都会感到沙子的酷热和海水的凉爽。为什么沙子的温度会比海水高那么多呢？而在夏日的夜晚，沙子的温度又会比海水的温度低很多，这又是为什么呢？这个实验将带领我们探索热（或热能）是如何在物体里传递或被物体吸收的。不同的物质保持或吸收热能的能力是否不同呢？

图2：在每个杯子里都放入一个温度计。

图1：在一个杯子里装入水，在第二个杯子里装入沙子。

## 科学揭秘

　　地球上的很多能量都来源于太阳辐射。当太阳能[①]辐射地球时，海洋中、陆地上、我们人体里、空气中的分子接收到了这些能量，并把其中的一些能量转化成了热能。

　　在这个实验中，灯泡的作用就是模拟了迷你版的太阳。来自灯泡的热能辐射到了杯子里，沙子的升温比水快。然而，当你关掉电灯时，水的蓄热能力又比沙子更好一些。这就和我们在沙滩上遇到的情况差不多。有一些物质吸收和释放热量的能力会比其他物质强一些，沙子就是其中一种。

---

[①] 太阳能是指地球所接收的来自太阳的辐射能量（编者注）。

## 实验材料

➡ 2个透明的塑料杯
➡ 2个温度计（厨房用或实验用温度计均可）
➡ 室温下的沙子
➡ 室温下的水
➡ 秒表
➡ 灯泡会变烫的台灯（或传统的白炽灯泡）

## 实验步骤

**第1步**：在第一个杯子里装上水。

**第2步**：在第二个杯子里装上沙子，沙子的高度和第一个杯子里水的高度一致。（图1）

**第3步**：在每个杯子里放入一个温度计。（图2）记录下每个杯子里的起始温度。设计一张如第19页中所示的表格，用以记录数据。

## 神奇的微风！

风是一种运动中的能量。但是风是从哪儿来的呢？就像你在这个实验中所学到的：当太阳照耀大地时，陆地升温比海洋快，因此，陆地更快地吸收了来自太阳的能量并把这些能量转化成了热能，这也就意味着陆地上空的空气温度会比海洋上空的空气温度高，陆地上空温度较高的空气会上升并朝海面移动，到达海面之后，温度降低、下沉，同时，海面上空较冷的空气朝陆地移动，这样就形成了清新、凉爽的海风。到了晚上，则发生了相反的过程。这是为什么呢？想想看，我们在实验里观察到了什么？在晚上，陆地的温度下降得比海水快。因为海水的储热能力比较好，所以这个时候，海水上空的空气温度比较高。温度较高的空气从海面上升腾而起，移向陆地，到了陆地后，温度降低、下沉。同时，陆地上空较冷的空气移向海洋，这样就形成了陆风。空气从海洋到陆地、从陆地到海洋的循环运动，就形成了风！

图3：把两个杯子放置在距离灯泡10厘米的地方。

图4：每隔1分钟记录一次温度，如此记录10分钟。

**第4步：** 把两个杯子放在离灯泡10厘米左右的地方（图3）。打开电灯，确保两个杯子能接受到的热量差不多。

**第5步：** 把秒表设置成每过1分钟提醒一次，每次分别记录下两个杯子里的温度，如此记录10分钟，哪个杯子里的温度会更高一些？这是为什么呢？

**第6步：** 关掉电灯，每隔1分钟，再分别记录下两个杯子里的温度，如此记录10分钟。（图4）哪个杯子里的温度会降低得更快一些？

## 试一试！

不同的物质吸收和储存热量（热能）的方式不一样。不同的颜色或不同的质地也会造成能量吸收和储存的不同吗？在杯子里装入不同颜色的沙子和不同颜色的水，重复一下实验；或者在杯子里装入不同的物质，比如小石头、甚至是空气，再重复一下实验吧！

## ── 你知道吗？ ──

当你在海边的时候，晚上会比白天需要更多的防虫喷雾，这是为什么呢？因为风的方向！当有海风吹过，很少有小虫子能在大海上瞎晃悠，所以咬你的小虫子也会变少。

# 实验数据记录

| 时间 | 有光照 | | 无光照 | |
|---|---|---|---|---|
| | 沙子的温度（℃） | 水的温度（℃） | 沙子的温度（℃） | 水的温度（℃） |
| 起始 | | | | |
| 1分钟 | | | | |
| 2分钟 | | | | |
| 3分钟 | | | | |
| 4分钟 | | | | |
| 5分钟 | | | | |
| 6分钟 | | | | |
| 7分钟 | | | | |
| 8分钟 | | | | |
| 9分钟 | | | | |
| 10分钟 | | | | |

实验 **3**

# 神奇的气体

**人员准备**

这个实验需要大家一起做！给气球充好气后，你需要其他人一起帮忙，把气球的口用绳子扎好。在进行测量的时候，你也会需要他们的帮助。

**安全注意事项**

用到热水的时候，一定要注意安全。在这个实验中使用的热水温度比水的沸点稍微低一点，在85℃~93℃之间。把气球放到热水里的时候，一定要使用钳子或者戴上隔热手套。

我们知道，固体和液体能够很好地导热。那么空气呢，氧气、氦气这样的气体，导热性又如何呢？在这个实验里，要把从我们肺部呼出的气体注入气球中，然后再探究一下如果温度升高或降低，会发生些什么。

## 实验材料

⇨ 1或2个圆形气球
⇨ 装有冰水的碗
⇨ 装有热水的碗
⇨ 软尺
⇨ 隔热手套（或钳子）
⇨ 温度计（厨房用或实验用温度计均可）

## 实验步骤

**第1步**：把气球吹到如棒球般大，然后把气球口扎紧。（图1）
**第2步**：把吹好的气球放置几分钟，这样气球里气体的温度就会慢慢

图4：小心地把气球放入热水中1分钟。

变得和室温一样。
**第3步**：用软尺测量气球最大处的周长。（图2）圆形物体的周长就是它一圈的长度。
**第4步**：用温度计测量一下室温。记住在室温下气球的周长，或者也可以拍张照片把它记录下来。
**第5步**：在碗里放入冰水。把气球放入冰水1分钟。（图3）1分钟后，测量一下冰水的温度以及在这个温度下气球的周长。注意到变化了吗？
**第6步**：在碗里放入热水。用钳子（或戴上隔热手套）小心地把气球放入热水里1分钟。（图4）1分钟后，测量一下热水的温度以及在这个温度下气球的周长。注意到变化了吗？

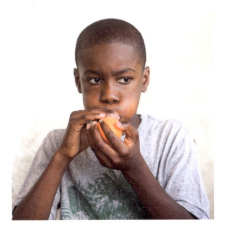

图1：把气球吹到如棒球般大。

图2：测量气球的周长。

图3：把气球放入冰水中1分钟。

## 不要踩到裂缝！

为什么人行步道上会有裂缝呢？所有的物体都有热胀冷缩的现象。随着季节的变化，人行步道和马路也会随着温度的变化发生热胀冷缩，从而形成路面上的裂缝。所以，现在在设计人行步道和马路的时候，在一块一块路砖之间都会用到接缝工艺，这样表面的热胀冷缩就不会引发路面裂缝了。

## 试一试！

再做一次实验，但是这一次，用家里的秤分别称量在室温下的气球、从热水里拿出的气球和从冷水中拿出的气球的重量。（图5）当气球的大小改变的时候，它的重量会发生变化吗？

图5：用秤称量气球的重量。

## 科学揭秘

当一个物体被加热后，它的分子运动速度会变快，分子之间的距离也会增加，因此把气球放入热水后，气球会变大。你吹入气球的气体分子本身的大小没有发生变化，但是它们运动的平均速度加快了，并且彼此之间的距离也变大了，所以整个气球的体积就变大了。因为正好相反的原因，把气球放入冰水后，气球的体积会变小。因为温度的降低使得气球内气体分子运动的平均速度降低了，且气体分子之间的距离也变小了。

所有的物质、包括固体、液体、气体，在温度升高时体积都会膨胀，有的膨胀得多一些，有的膨胀得少一些。

# 实验 4

# 影子制造者

图2：把手电筒放置在距离白纸30厘米处。

**实验时间**

15-20分钟

**人员准备**

这个实验很简单！单人就可以完成。

我们每天都会使用到光能[1]。我们能看见的光称为可见光，它像波一样沿直线传播，但是不能穿透大部分的物体。这个实验将带领我们探索：当一个物体挡住了光的时候，影子是怎么产生的。

―――――――――
① 光所具有的能量（编者注）。

## 实验材料

⇨ 白纸（28厘米×43厘米）
⇨ 胶带
⇨ 靠近墙的桌面（或其他平面）
⇨ 手电筒（单个灯泡的手电筒，最好不要用LED灯）
⇨ 小物件（例如小木块或指甲油瓶子等）
⇨ 直尺
⇨ 笔记本和铅笔

## 实验步骤

**第1步**：把白纸竖着贴在墙上，尽可能贴近桌面，白纸底部和桌面紧贴。（图1）

**第2步**：把手电筒放在桌子上，距离白纸30厘米。（图2）手电筒的灯光要正对着白纸。

**第3步**：测量实验中使用到的小物件的高度，记录下数据。（图3）可以设计如第25页上所示的表格，用于数据的记录。

**第4步**：把小物件放在手电筒和白纸之间，使得小物件的中心位置距离墙上的白纸5厘米远。

**第5步**：测量影子的高度，并观察影子的清晰程度。是比较模糊还是比较清晰？同时也观察一下影子边缘呈现出的情况。影子的高度和小物件的原高度相比如何？把观察到的数据记录在表格里。

图1：把白纸竖着贴在墙上。

# 日晷

　　古埃及人对于影子和光的传播已经非常了解。他们观察到太阳每一天在天空的运动轨迹都是一样的。同时，他们也意识到当太阳在天空的位置发生变化时，影子也会随之变化。古埃及人利用他们观察到的现象，发明了一个可以表示时间的仪器。这个仪器叫做日晷，构造很简单，就是在地上插上一根小棍子，然后利用小棍子影子的长度和位置来判断时间。

## 科学揭秘

　　光以波的形式进行传播，是一种辐射能。我们把可以看见的光称为可见光，实际上我们看不到真实的光波，看到的只是从物体表面反射出来的光。并不是所有的辐射能都能被我们的眼睛观察到。无线电波、X光、手机信号也是以辐射能的形式传播的，它们可以被一些特殊的仪器探测到。

　　我们的眼睛是一种可以感受到光的特殊仪器，我们之所以可以看见东西就是因为光波从物体反射出来，进入我们的眼睛。

　　光波以直线形式传播，除非发生反射或折射，否则光的传播方向不会发生变化。例如，当光碰到某个小物体，如果光不能穿过这个物体的话，那么这个物体就挡住了光，并在墙上留下了一块没有光的区域，这个区域就是影子。

　　如果把这个物体移向光源，影子就会变大，因为这个物体挡住了更多的光。当这个物体远离光源，影子就会变得更小，因为物体挡住了较少的光。

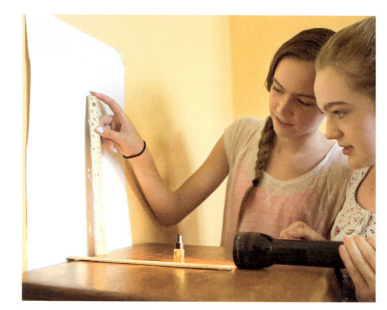

图4：再次移动小物件的位置，影子会随之发生怎样的变化？

**第6步：** 把小物件移动到距离墙上白纸10厘米的位置。这个时候影子有何变化？

**第7步：** 继续朝手电筒方向移动小物件，使它距离墙上的白纸15厘米、20厘米以及25厘米。每次移动小物件的位置，影子又随之发生了怎样的变化？（图4）

## 试一试！

以不同的角度放置手电筒，影子会随之发生变化吗？如果有时间的话，可以在一个晴天，请你的朋友帮忙拍一张你影子的照片。标记一下你站立的位置，在接下来的几个小时里，每过一个小时，就在原地拍一张你影子的照片。你的影子会发生怎样的变化？为什么呢？过几个月，再来做一次这个实验，影子还会有变化吗？

图3：移动小物件的位置，影子会随之发生怎样的变化？

# 实验数据记录

| 手电筒与<br>墙面的距离 | 小物件与<br>墙面的距离 | 影子的高度 | 影子的<br>清晰程度 |
| --- | --- | --- | --- |
| 30厘米 | 5厘米 | | |
| 30厘米 | 10厘米 | | |
| 30厘米 | 15厘米 | | |
| 30厘米 | 20厘米 | | |
| 30厘米 | 25厘米 | | |

# 实验 5

# 疯狂的镜子

**实验时间**

30分钟

**人员准备**

如果你有毛绒玩具，可以自己完成这个实验或者找一位朋友帮忙一起完成。否则，需要找到9位小伙伴，大家一起来做实验！

**安全提示**

这个实验需要一面全身穿衣镜。要请一位成年人帮忙把镜子放到实验所要求的位置。镜子很重而且很容易碎，移动镜子的时候一定要格外小心！

当光照到一个物体，可能穿透物体、被物体吸收，也可能被物体反射。这个实验将带领我们一起探究：光是如何沿直线反射的。现在就开始创造你自己的神奇镜子小屋吧！

图5：将所有毛绒玩具摆成一条直线。

## 📎 实验材料

⇒ 全身穿衣镜
⇒ 软尺
⇒ 9个毛绒玩具（或9位朋友）
⇒ 可粘贴的标签纸
⇒ 彩色铅笔
⇒ 纸
⇒ 量角器

## 实验步骤

**第1步：**把镜子靠着墙竖直放置，搁在几本书上面，大约距离地面20厘米。（图1）

**第2步：**把9个毛绒玩具（或9位朋友）按1–9编号。（图2）

**第3步：**定位5号毛绒玩具的位置，使它距离镜子中心1.5米。（图3）

**第4步：**在5号的左边依次放置1–4号毛绒玩具（图4），确保它们相互之间间隔41厘米。在5号的右边依次放置6–9号毛绒玩具，确保9个玩具都在一条直线上，距离镜子1.5米。（图5）

**第5步：**用图画记录下镜子和9个毛绒玩具的位置。

**第6步：**站在1号毛绒玩具的正后方，蹲下，保持和玩具差不多的高度，朝镜子看（图6）。你能看到哪个玩具？在你的记录图上，把玩具1和镜子连线，再把你从镜子里能看见的玩具和镜子连线。

**第7步：**站在2号毛绒玩具的正后方，重复第6步，用不同的颜色连线。依次重复实验。

**第8步：**用量角器测量你画的角度。

图1：将镜子沿墙放置，离地20厘米高。

图2：给毛绒玩具（或你的朋友）编号。

图3：定位5号玩具的位置，距离镜子1.5米。

图4：在5号的左边放置1-4号玩具。

图6：站在1号毛绒玩具后面，蹲下、保持和玩具差不多的高度。

## 是反射还是吸收？

光可以被镜子反射，但是，就算物体表面不如镜子那么光滑，它也可以反射光。根据物体不同的颜色、质地或其他性质，不同物体对光的反射程度也不同。光也可以穿透物体，光能（或称辐射能）也能转换成其他形式的能量。我们的皮肤会吸收光能，然后把它转化成热能。自然界有些物质对光的反射能力会更好一些。比如，相较于森林，雪和冰对光的反射就更强一些。玻璃结构的房屋或室内墙面为淡色的房子，比石头建成的或屋内颜色较深的房屋，对光的反射效果要更好一些。

## 科学揭秘

在这个实验中，我们观察到了光的反射。当你看见旁边的人或镜子中的自己，其实你看见的是反射的光。

在这个实验中，有一些光射向镜子，然后镜子反射了这些光，被反射的光有一部分进入了我们的眼睛，眼睛就接收到了反射出来的辐射能，于是在镜子中看到了毛绒玩具！

光按照一定的角度反射，这个角度是我们可以预测的。就像我们向地面垂直扔一个弹力球，这个小球回弹的方向一定是向上的，而不是向左或向右。光的反射方向也是如此。

## 实验 6

# 斜坡加速

图3：重复实验，每次多加一本书。

**实验时间**

20分钟

**人员准备**

这个实验需要大家一起做！如果实验里用的玻璃弹珠滚跑了，可以让小伙伴们帮你一起找！

环顾四周，你会发现很多物体都在运动。所有的运动都会消耗能量，没有任何物体可以在不消耗能量的情况下运动。在这个实验里，你可以利用斜坡和玻璃弹珠探索运动和能量的基本概念：什么让物体运动？什么让物体保持运动？又是什么让物体停止运动？

## 📎 实验材料

- ➪ 5本书（相同厚度）
- ➪ 带凹槽的直尺
- ➪ 铅笔、纸（或笔记本）
- ➪ 玻璃弹珠
- ➪ 软尺

## 实验步骤

**第1步：** 将一本书放在地面上（最好是光滑的地面）。把直尺的一端架在书沿上，另一端放在地上，让直尺架成一个斜坡的样子。

**第2步：** 在纸上（或笔记本里），设计一个如第29页所示的记录数据的表格。

**第3步：** 把玻璃弹珠放在直尺较高的一端，松开手，让它沿着直尺滚落，过程中不要用手推弹珠。（图1）

## 实验数据记录

| 斜坡高度 | 实验1 地毯<br>弹珠滚动距离<br>（厘米） | 实验2 木地板<br>弹珠滚动距离<br>（厘米） | 实验3 草地<br>弹珠滚动距离<br>（厘米） | 实验4 沥青路面<br>弹珠滚动距离<br>（厘米） |
|---|---|---|---|---|
| 1本书 | | | | |
| 2本书 | | | | |
| 3本书 | | | | |
| 4本书 | | | | |
| 5本书 | | | | |

图1：把玻璃弹珠放在直尺较高的一端，让它沿着直尺滚落。

## 试一试！

在地毯、木地板、草地或是沥青路面等不同的表面上，再做一次这个实验吧！

图2：记录弹珠的运动距离。

图4：重复实验，直到斜坡高度为5本书。

**第4步**：等弹珠慢慢停下，从斜坡的起点到弹珠所在的位置，展开软尺，量一下距离。

**第5步**：记录下距离，再重复两次实验。（图2）计算出当斜坡高度为一本书时小弹珠滚动距离的平均值。

**第6步**：重复实验，每次增加一本书的斜坡高度，直到斜坡高度为5本书。（图3、图4）斜坡高度是如何影响弹珠的运动的呢？

# 科学揭秘

所有运动的物体都有能量。即使是一个没有在运动的物体，它也在积累能量直到有足够的能量开始让它运动。在这个实验中，位于斜坡高处的弹珠具有能量。它虽然没有运动，但是它有运动的潜在趋势，我们把这种能量叫做势能。

大约300年前，伟大的科学家牛顿发现了关于运动的很多规律，我们把这些规律叫做牛顿运动定律。根据牛顿第一运动定律，任何物体都要保持匀速直线运动或静止状态，直到外力迫使它改变运动状态为止。

在这个实验中，使弹珠开始运动的是被称为重力的力。重力使物体朝向地面运动。是重力使物体有了势能。高度会影响一个物体的重力势能，一个物体距离地面越高，它的重力势能就越大。在这个实验中，如果斜坡越陡，弹珠就会滚得越快、越远。

那么究竟是什么让弹珠停下来的呢？为什么弹珠会运动得越来越慢直到静止呢？当弹珠滚到地面上时，它会和空气及地面接触，弹珠受到了相反方向的力，使它的速度越来越慢，并且在这个过程中产生了热，就像你的双手相互摩擦产生热一样。弹珠受到的相反方向的力叫做摩擦力，不同的表面会产生不同大小的摩擦力。你有没有过穿着袜子在厨房地板上滑行的经历？是不是和在地毯上滑行的感觉不一样？这是因为地毯产生的摩擦力比厨房地板大得多。弹珠在光滑平整的桌面上要比在地毯或草地上滚得远得多。

# 单　摆

图3：将螺母拉至和直尺同样的高度，绳子要拉紧。

**实验时间**

30分钟

**人员准备**

这个实验需要大家一起做！如果能有几个好朋友一起，实验效果会更好：一位操作秒表，一位控制单摆，另一位负责计数。

运动并不都以直线进行。比如，你在游乐场荡秋千的时候，秋千是沿着弧线运动的。秋千就是我们生活中的单摆，在这个实验中，我们设计了一个迷你版的单摆去探索重力对运动的影响。

## 实验材料

⇨　直尺

⇨　2张同样高度的桌子

⇨　绳子（61厘米长）

⇨　若干螺母（1.3厘米宽）

⇨　秒表

⇨　软尺

⇨　胶带

## 实验步骤

**第1步：** 把直尺架在两张桌子（或椅子）之间。

**第2步：** 拿一根绳子，在绳子的一端拴上一个螺母。

**第3步：** 将绳子打结，做成一个绳圈，把绳圈套在直尺上，这样螺母就会荡在直尺下方（图1），用胶带把绳圈固定在直尺上，再用胶带把直尺固定在两张桌子之间。（图2）

**第4步：** 将螺母拉至和直尺同样的高度，绳子要拉紧。（图3）

**第5步：** 把秒表设置成10秒后提醒。

**第6步：** 松手，让螺母来回摆动（图4），数一下在10秒之内螺母完成了几个来回，每一次来回摆动称为一次全振动。设计一个表格记录数据。

图1：将绳子打结，做成一个绳圈，把绳圈套在直尺上。

图2：用胶带把绳圈固定在直尺上。

图4：松手，让螺母来回摆动。

**第7步**：移除胶带，把另一个螺母套进绳子，此时绳圈上共有两个螺母。重新用胶带把绳子固定在直尺上。

**第8步**：重复第4-6步，你能观察到有什么区别吗？再增加1-2个螺母，重复实验。你能观察到什么现象？

**第9步**：改变螺母的释放高度，重复实验，再次观察实验现象。

## 试一试！

这一次用一个螺母进行实验，把绳子的长度变为原来的一半，你认为摆动会增加还是减少？继续增加螺母，对比每一次的实验结果。

## 科学揭秘

每个物体都受到重力的影响。物体会尽可能按照直线运动。在这个单摆实验中，螺母并没有按照直线运动，而是按照弧线运动，这是为什么呢？

单摆的上方被固定在直尺的中间位置，当你在一定高度向下放开单摆时，绳的拉力使得它朝圆心运动。在这个过程中，重力和绳的拉力在不同方向共同作用于单摆，使它沿弧线来回运动。

当你通过增加螺母的数量来增加单摆的重量时，你可能发现它的摆动没有发生太大的变化，因为重量不影响单摆的摆动。但是当单摆的下落高度发生变化的时候，它的摆动会发生很大的变化。而且单摆的下落高度越高，来回摆动一次的时间就越长。

# 螺旋弹簧

图2：模拟海浪的样子晃动螺旋弹簧。

## 人员准备

这个实验需要大家一起做！你需要1-2位小伙伴和你一起完成这个实验。

声音具有能量，它以波的形式进行传播，但是这种波和光、X射线、无线电波，甚至水波的波并不一样。这个实验将带领大家一起探索：不同种类的波的运动以及声音是如何从一个地方传播到另一个地方的。

##  实验材料

⇨ 螺旋弹簧
⇨ 长桌子

## 实验步骤

**第1步**：请一位小伙伴站在你的对面，你拿着螺旋弹簧的一端，小伙伴拿着另一端。（图1）由另一位小伙伴拍摄视频来记录实验过程。实验后用慢镜头回放的话，会非常有趣。

**第2步**：确保小伙伴那一端的弹簧是静止的，然后你慢慢地以距离地面10厘米的高度上下晃动弹簧。晃动弹簧的时候可以模拟海浪的样子。（图2）

**第3步**：仍然距离地面10厘米，加快晃动弹簧的速度。观察一下有没有什么变化？

**第4步**：距离地面20厘米，慢慢地晃动螺旋弹簧。（图3）和距离地面10厘米的时候相比，有什么变化？像第3步一样，加快晃动的速度，这时有变化吗？

**第5步**：现在，确保你这一端的弹簧是静止的，请小伙伴来晃动弹簧。（图4）

**第6步**：请小伙伴慢慢地以15厘米的幅度，在水平线上朝向你，前后推拉弹簧。这次你观察到了什么？

**第7步**：加快前后推拉的速度、并观察实验现象。如果把推拉幅度增加到30厘米，会有什么情况发生？

图1：请小伙伴拿着螺旋弹簧的一端。

图3：慢慢降低晃动速度，但是增加弹簧与地面的高度。

图4：确保你这一端的弹簧静止，请小伙伴晃动另一端。

## 科学揭秘

能量可以以波的形式进行传播，但并不是所有能量波的传播方式都一样。海浪、可见光、X射线以上下运动的形式传播，就像我们在实验的第一部分观察到的那样。你在一端上下晃动弹簧，波会向前移动。

声波的传播方式不一样，声音是靠物质内部微粒的振动或者分子的前后运动进行传播的，分子相互碰撞、能量沿着相同方向传递，就像我们在实验的第二部分观察到的那样。向前推动螺旋弹簧，弹簧的每一段都会推动下一段，同时也将能量向前传递，这个叫纵波。

你可以经常感受到声音的振动。当你身处一个音量很强的音乐会或是体育赛事现场，音乐声轰鸣的时候，你是否也感受到了声音的振动？你可以把手放在自己的喉咙处，然后哼上一段小曲儿，有没有感受到振动？声音可以振动，也可以在固体、液体和气体里传递能量。像光这样的能量，是以上下运动的方式进行传播的，如果遇到固体障碍物的话会被遮挡住。

## 试一试！

如果在一个塑料杯的底部塞入螺旋弹簧的一端，声音是否会被放大？把弹簧举到和你差不多高，竖直放下弹簧，上下来回几次，然后把弹簧放得离地面近一些，再竖直放下弹簧试一下，你观察到了什么？

# 实验 9

# 声波拦截

**实验时间**

30分钟

**人员准备**

这个实验需要大家一起做！你需要1~2位小伙伴，你们要轮流听声音。

声波通过物体内部微粒的振动进行直线传播。所以，怎样可以让房间隔音呢？我们经常会发现，即使是隔着厚重的物体，我们也能够听到声音。有没有什么物质能够阻止声音的传播？这个实验将带领我们探究：声音通过不同的固体时是如何振动的。

## 实验材料

⇨ 智能手机（里面下载了你喜欢的歌）

⇨ 若干张纸

⇨ 运动服

⇨ 烤盘

⇨ 卷筒纸

## 实验步骤

**第1步**：面朝小伙伴坐下，彼此距离大约91厘米。把实验材料放在你们中间。

**第2步**：拿起手机，把手机扬声器朝向小伙伴，开始播放歌曲。然

图1：拿一张纸放在手机扬声器和小伙伴之间。

后拿一张纸放在手机扬声器和小伙伴之间。（图1）纸可以离手机近一点，但不要碰到。请小伙伴说说，在你放纸前、后，他们在听歌的过程中感觉到了些什么？在你这边，你又感觉到什么变化了吗？

**第3步**：保持原来的音量，再次播放歌曲，分别用运动服、烤盘、卷筒纸代替纸重复实验。每次变换实验材料前，都要讨论一下听到了什么。

**第4步**：和小伙伴交换一下任务，再重复一次实验。（图2-4）

**第5步**：根据自己的兴趣，可以用其他物品进行实验。看看什么物品的隔音效果更好一些？又有哪些物品可以放大声音呢？

图2-4：用运动服、烤盘、卷筒纸代替纸重复实验。

## 像蝙蝠一样什么都看不见

也许你曾听说过，蝙蝠的视力是非常差的。实际上，蝙蝠在飞行中是利用声波来"看"东西的，蝙蝠通过听反射声波来判断位置。它们先发出一个声音，然后听被物体反射回来的声音，如果声音很快就反射回来，它们就知道要改变方向了。蝙蝠甚至可以通过声波来找到喜欢吃的虫子。

## 科学揭秘

声波在空气中沿直线传播。当声波遇到物体，就像光一样，可以被反射也可以被吸收。你一定听到过声波的反射——回声。比较硬的物体更容易反射声波，当你在烤盘前播放歌曲时，更多的音乐声会向你这边反射。你对面的小伙伴听到的就是有点扭曲的弱化版本的歌曲，因为声波要通过烤盘会比较困难。

有些物体能够吸收声波。当你把纸放在手机前，音乐声被纸吸收了一部分后通过了纸张，对面的小伙伴基本上可以听到大部分音乐声。运动服吸收声波的效果更好，对面的小伙伴只能听到很轻的音乐声，如果你用的运动服足够厚，有的时候甚至能消音。在房间里，地毯和窗帘都可以吸收声音，降低声能的振动。

# 单元 2

# 能量的表现形式和相互转换

能量可以让物体对其他物体产生作用或令物体改变状态。它能让飞机在空中飞，能让你从街道的这头跑到那头，烤箱用能量来烘焙蛋糕，冰箱用能量来制冷。能量也被用来播放我们最喜爱的歌曲、照亮我们的家。我们身体的成长和大脑的思考也需要消耗能量。能量是怎样做到这些事情的呢？

## 能量的不同表现形式

| | | | |
|---|---|---|---|
| | 重力势能<br>（Gravitational<br>Potential Energy） | | 电能<br>（Electrical Energy） |
| | 弹性势能<br>(Elastic Energy) | | 辐射能<br>（Radiant Energy） |
| | 核能<br>(Nuclear Energy) | | 热能<br>（Thermal Energy） |
| | 化学能<br>(Chemical Energy) | | 机械能<br>（Motion Energy） |
| | | | 声能<br>（Sound Energy） |

物体由于运动而具有的能量被称为动能（Kinetic Energy）。

物体具有的潜在运动的能量被称为势能（Potential Energy）。在理想状态下，势能会储存在物体内部直至被消耗。常见的势能有重力势能和弹性势能。

能量有不同的表现形式，除了动能、重力势能、弹性势能，还有声能、电能、辐射能、热能、核能、化学能等。

能量可以做那么多事情，正是因为它可以在不同形式之间相互转换。有时动能转化为势能，有时势能转化为动能，这取决于物体本身和它所处的环境。这些过程称为能量的转换。能量不会无中生有，只会在不同形式之间相互转化。

在本单元的实验中，你将观察到能量是如何在物体中转换的。在每个实验的最后，你将学到能量转换的原理，还将观察到生活中能量转换的具体现象。

在实验11中，观察化学能如何转换为辐射能

# 实验 10

# 反 弹

## 实验时间

20-30分钟

## 人员准备

这个实验需要大家一起做！至少需要两人共同完成，一位负责扔球，另一位负责观察球的反弹高度。

## 安全注意事项

在实验过程中，要把实验区域内的易碎物品全部放置到安全的地方，因为小球反弹起来的时候有可能会砸到其他物品。

势能是如何转化成动能的？有没有可能同时兼具动能和势能呢？这个实验探索的就是弹力小球将势能转化成动能的过程。当弹力小球反弹的时候，它的能量是如何转换的。这个实验可以在家里做，也可以在室外做。

图2：沿着软尺释放弹力小球。

## 🖇 实验材料

⇨ 软尺
⇨ 弹力小球
⇨ 厨房台面
⇨ 木质台面（桌子或椅子）
⇨ 地毯

## 实验步骤

**第1步：** 把软尺拉到91厘米长。如果小朋友不够高的话，可以站在结实的小凳子上。一位小伙伴拿着弹力小球，让小球的底部距离地面91厘米。（图1）

**第2步：** 另一人准备好观察弹力小球落地后的反弹高度。可以把这个过程拍摄下来，再用慢镜头回放，这会非常有趣。

**第3步：** 沿着软尺释放弹力小球。（图2）

**第4步：** 记录下弹力小球第一次碰到地面后的最高反弹高度。（图3）小球能回到91厘米高的起点吗？可以设计一张如第41页的表格，记录实验中的数据。

**第5步：** 把第3步和第4步再重复做两次。（图4）计算弹力小球反弹的平均高度。

**第6步：** 重新再选择两次弹力小球的下降高度。（图5）增加下降高度，小球的反弹高度也会增加吗？记录你的实验数据。

**第7步：** 在地毯和木质表面上重复这个实验。你认为哪一种表面会让弹力小球反弹得最高？

图1：把软尺拉到91厘米长。

图3：记录弹力小球的最高反弹高度。

图4：重复3次实验。

图5：选择另外两个高度，释放弹力小球。

| | 厨房台面 | 木质表面 | 地毯 |
|---|---|---|---|
| 实验 1 | | | |
| 实验 2 | | | |
| 实验 3 | | | |
| 平均值 | | | |
| 实验 1 | | | |
| 实验 2 | | | |
| 实验 3 | | | |
| 平均值 | | | |
| 实验 1 | | | |
| 实验 2 | | | |
| 实验 3 | | | |
| 平均值 | | | |

## 科学揭秘

当一个物体处于运动中，它就有了动能。当一个物体处于静止状态并且受到重力作用，这个物体就有了重力势能。在这个实验中，弹力小球处于起始点的时候，有了重力势能。当小球开始下落运动，重力势能就转化成了动能。

能量不断地转换着形式。当弹力小球落到桌面，会停止一下，并发出小球落地的声音，然后又回弹。在这个放手的瞬间，小球具有的重力势能迅速转换成了动能，当小球接触到桌面时，又转换成了声能和一点热能，当小球回弹的时候，又转换成了动能。

为什么弹力小球回不到下落前的起始点呢？因为并不是所有的动能都转换成重力势能，其中有一部分能量在小球下落碰撞的过程中，以声能和热能的形式散失了。

# 闪闪发光

**实验时间**

15分钟

**人员准备**

这个实验很简单！单人就可以完成。

**清洁注意事项**

在纸杯的下面铺一层塑料桌布或废报纸，以防万一！

**安全注意事项**

确保水温在85℃以下。荧光棒上面的黏胶可能会溶于热水，这样荧光液会漏在水里，虽然荧光液是无毒的，但是可能会溶解纸杯。

这个实验将让我们了解化学能、辐射能和热能，并探究荧光棒中的能量转换。如果将荧光棒放在0℃左右的环境中一整夜，第二天它还会发光吗？

 **实验材料**

⇨ 3根荧光棒（相同尺寸、相同颜色）
⇨ 2个纸杯
⇨ 防护眼镜（可选）
⇨ 热水
⇨ 厨房用温度计
⇨ 冰水
⇨ 厨房用钳子

## 实验步骤

**第1步：** 检查1根未破损的荧光棒，你看到里面有什么？注意荧光棒中的气泡，每个气泡都是一个不同的化学物质。（图1）

图4：观察荧光棒，是什么影响了它们的亮度？

**第2步：** 摆放好纸杯，如果有防护眼镜的话请戴上。小心地往一个杯子里面倒入一半热水，再往另一个杯子里倒入冰水，和热水水量相同。（图2）

**第3步：** 弯曲3根荧光棒，直到听见噼啪声，轻轻摇晃荧光棒，使里面的化学物质混合。

**第4步：** 用钳子将1根荧光棒放入冰水，1根放入热水。（图3）第三根荧光棒就放在实验桌上。等待3分钟后，请你观察每根荧光棒发生了什么变化？

**第5步：** 把放在水里的荧光棒拿出来，与没有放在水里的荧光棒比较亮度。是什么导致了荧光棒的亮度不同？你观察到能量发生了怎样的转换？（图4）

图1：检查荧光棒，观察里面的气泡。

图2：把水倒入纸杯。

图3：将1根荧光棒放在热水中，1根放在冰水中。

## 试一试！

你最喜欢什么颜色？用不同颜色的荧光棒来进行实验，看看特定的染料是否会影响荧光棒的亮度，给它们拍照，帮助你进行比较。在不同温度下，荧光棒发亮的精确时长是多少？尝试再次进行实验，记录不同颜色荧光棒的发光时长。如果你想做的话，也可以多试几种温度。也可以将荧光棒再扭一圈，分别放在热水和冰水里，持续拍照，看看它们是变亮了还是变暗了。

## 科学揭秘

荧光棒中填充了一种叫做酯类的化学物质（一种荧光染料）和双氧水（膝盖受外伤时用来清理伤口的药水）。这两种物质在荧光棒中是分开的，不会发生反应，此时，能量在荧光棒中以化学能的形式储存。当你弯曲荧光棒时，里面的两种液体就会互相混合，发生化学反应，形成一种新的物质。形成新物质时不需要太多能量，所以其余储存的能量就会被释放出来。此时能量转换就会发生：化学能转化为辐射能（光能）！

当荧光棒被置于冰水中时，荧光棒会变暗，因为冰水会吸收荧光棒中的热能，所以化学反应就会变慢。而当荧光棒被置于热水中时，荧光棒会变亮，里面的化学物质会吸收热水中的热能，使得化学反应变快，产生更多的光亮。所以，荧光棒在冰水中发亮比在热水或常温下所需的时间更长。

# 气泡升起

**实验时间**

20分钟

**人员准备**

这个实验很简单！单人就可以完成。

**清洁注意事项**

在塑料桌布上或室外进行实验。

**安全注意事项**

在混合化学物品时，戴好防护眼镜，本实验用到的化学药品用手触碰是安全的，但会腐蚀眼睛。

日常生活中的很多物质都可归为化学物质。在这个实验中，我们将会混合两种不同的化学物质来观察能量的转换。像实验 11 那样，是否所有化学物质混合后都会产生光能？让我们一起来探索吧！

图3：量取小苏打，加入袋子中。

## 📎 实验材料

⇨  量勺

⇨  塑料自封袋

⇨  白醋

⇨  温度计（厨房用或实验用温度计均可）

⇨  小苏打

## 实验步骤

**第1步**：量取5毫升白醋，倒入一个空的塑料自封袋中。（图1）

**第2步**：摸摸袋子，你发现袋中白醋的温度有何变化？

**第3步**：将温度计放入袋中，温度计的末端完全浸入白醋中，记录下温度。（图2）

**第4步**：量取5克小苏打，放入装有白醋的袋子中。（图3）轻轻挤压袋子，让两种物质混合。此时，你观察到了什么？

**第5步**：30秒后，读取并记录温度计的数据。（图4）温度发生变化了吗？

**第6步**：封上袋子，摸一摸，和你之前触摸袋子时有什么不同？

图1：量取白醋，倒入一个空的自封袋中。

图2：将温度计放入袋子里。

图4：30秒后，再次测量温度。

## 科学揭秘

发生化学反应时，一种物质和另一种物质会产生性质完全不同的新物质。每当你混合两种物质让它们发生化学反应时，必然包含着热能的变化，包括吸热和放热两种反应。

吸热反应中，热能会被吸收；而在放热反应中则是相反的——热能被放出。在混合小苏打和白醋的时候，你观察到的是哪一种反应呢？

当你混合小苏打和白醋时，会发现反应生成了气泡，在袋子中，白醋和小苏打反应后生成了新的物质——水、二氧化碳（气泡）和醋酸钠，同时还会观察到温度上升。

在一个化学反应中，反应物需要从周围环境里吸收能量来进行分解，然后在生成新的物质时释放能量。如果释放的能量多于吸收的能量，那么这个反应就是放热反应。所以在这个实验的反应中，化学能转换成了热能。

# 实验 13

# 温暖双手

**实验时间**

20分钟

**人员准备**

这个实验很简单！单人就可以完成。

**清洁注意事项**

请在有塑料桌布或旧报纸等容易清理的实验桌上，进行实验活动。

**安全注意事项**

暖宝宝里的物质会变得相当暖和，袋子可以直接放在桌上，触摸袋子时要小心。暖宝宝的材料是安全的，但接触眼睛会有腐蚀性。

冬天待在户外时，比如参加运动会等，为了保持双手的温暖，人们会在手套里或衣服口袋里放入暖宝宝。暖宝宝是用什么做的？它又是如何产生热能的呢？在这个实验中，我们将探索暖宝宝中的能量转换。

 ## 实验材料

⇨ 一次性暖宝宝
⇨ 防护眼镜（可选）
⇨ 剪刀
⇨ 塑料自封袋
⇨ 温度计
⇨ 秒表

## 实验步骤

**第1步**：把一个暖宝宝从包装袋中取出。

**第2步**：剪开暖宝宝的一角，将里面的

图2：迅速记录温度。

填充物倒入一个空的塑料自封袋中，先不要密封袋子。（图1）

**第3步**：迅速测量袋内的温度。（图2）

**第4步**：让袋子保持打开状态3分钟。（图3）

**第5步**：摸摸袋子感受温度，再次将温度计插入袋子，测量温度。看看温度是否和之前的一样。

**第6步**：将袋子密封好，以免空气中的氧气进入，等待3分钟。

**第7步**：3分钟后，摸摸袋子，并测量温度。（图4）温度有变化吗？

图1：将暖宝宝里的物质倒入空的自封袋中。

图3：使袋子保持打开状态3分钟。

图4：3分钟后，触摸并测量袋内温度。

## 科学揭秘

　　暖宝宝的成分之一是铁粉，暖宝宝的表面有细小的微孔，可以允许氧气和水分慢慢进入。当铁粉暴露在空气中时，便与氧气和水分发生反应，开始生锈（氧化），是的，生锈！这是一个化学反应，会产生热量。

　　这一化学反应是放热反应，热量被释放了出来，你感觉到了吗？铁粉中的化学能转换成了热能。感觉到热，是因为这个化学反应产生的能量大于分解铁、氧气以及水的能量，因此多余的能量以热能的形式被释放。当你剪开暖宝宝，将里面的化学物质倒出来后，铁粉生锈反应的速度就会比在暖宝宝包装里面的反应速度更快。这是因为，有更多的铁粉表面被暴露于氧气和水蒸气当中了。

# 烈日下的黑与白

图5：查看并记录温度变化。

**实验时间**

　　30分钟

**人员准备**

　　这个实验很简单！单人就可以完成。

 **实验材料**

⇨ 长方形包装盒（或其他硬纸盒）
⇨ 剪刀
⇨ 黑纸
⇨ 白纸
⇨ 胶带
⇨ 铅笔（或记号笔）
⇨ 4支温度计
⇨ 秒表

　　"哦！今天真是太热了，我不该穿这件黑色T恤的！"在炎热的夏季，你可能听到有人这样说过。为什么会这么说呢？在阳光明媚的夏天，穿黑色T恤为什么会让你感觉更热？这个实验探究的是晴天时能量的转换，这将帮助你决定穿什么颜色的衣服！

## 实验步骤

**第1步：** 剪开纸盒，将前后两面分开，做成两张相同的硬纸板。（图1）

**第2步：** 将黑、白两张纸对半剪开。（图2）

**第3步：** 将半张黑纸和半张白纸，用胶带贴在硬纸板的同一面。（图3）同时将另一张硬纸板也贴成一半黑一半白。

**第4步：** 在两张硬纸板分别标上"晴天"和"阴天"。

**第5步：** 用胶带将4支相同的温度计固定在标注了"晴天"和"阴天"的黑色与白色纸张上。

**第6步：** 记录每支温度计的初始温度。

**第7步：** 将标有"晴天"的纸板放在有阳光的地方，另一张标有"阴天"的纸板放在阴凉的地方。（图4）

**第8步：** 查看并记录数据，每3分钟记录一次，持续15分钟。（图5）你看到了什么？按第49页所示表格，整理你的数据。

图1：剪开纸盒的前后面。

图2：将黑白两张纸对半剪开。

图3：将黑纸和白纸粘在同一面纸板上，做两张一样的纸板。

图4：将一张纸板放在有阳光的地方，另一张放在阴凉的地方。

| 时间 | 晴天温度 | | 阴天温度 | |
|---|---|---|---|---|
| | 黑 | 白 | 黑 | 白 |
| 初始 | | | | |
| 3分钟 | | | | |
| 6分钟 | | | | |
| 9分钟 | | | | |
| 12分钟 | | | | |
| 15分钟 | | | | |

## 科学揭秘

"阴凉的地方凉爽百倍。"人们经常这样说，是因为在太阳底下会感觉更热。将纸板放在太阳底下，纸板会吸收来自太阳的辐射能，再将太阳的辐射能转换成为热能，纸板上的温度计读数会告诉我们纸板表面吸收的热量和周围空气的温度。放在阴凉处的纸板吸收不到太阳的辐射能，所以温度计显示的是周围空气的温度。

你应该也已经观察到了：放在阳光下的黑色纸板的温度最高。阳光中所有颜色的光都有辐射能，黑色物体会吸收几乎所有来自太阳的光，而白色物体则会将大多数照在上面的光反射回去。因此，由于黑色纸板吸收了来自阳光更多的能量，所以比白色纸板更容易被加热。

那么，问题来了：你打算在打棒球时，穿什么颜色的衣服呢？

# 可再生和不可再生能源

我们已经知道，能量在对物体发生作用或令物体做出变化时，会不断地改变或转换表现形式，在我们身边，可以看到许多能量进行多重转换的例子。人们利用不同的能源来产生能量，帮助驱动交通工具、发电、加热，或让我们的房间变得凉爽，甚至能让我们在足球场上飞奔！世界上主要有10种不同的能源，它们又可分为两种——可再生能源与不可再生能源。

可再生能源是指在短时间内可以再次补足的能源，包括生物质能、地热能、水能、太阳能、风能。生物质能包括植物、木材、厨余垃圾等；水能来自流动的水；通过之前的实验，也许你已经了解了什么是太阳能和风能。这些能源可以用来发电并产生热能，它们在我们日常的使用过程中，可以很快地、持续不断地再生。

不可再生能源是指不能在短时间内再次补足的能源。包括石油、天然气、煤、丙烷和铀。它们可用于驱动汽车、供暖、发电和制造产品。但由于不能迅速补给，所以是有限的。

不可再生能源可以在矿物岩层中被找到，它们需要成千上万年才能形成。我们驱动交通工具所用的石油，甚至比恐龙还要古老！人类每年会消耗大量的不可再生能源，也许在不久的将来，这些不可再生能源将被消耗殆尽！

本单元的实验将探究：我们如何控制并利用不同的能源，来满足日常生活所需。同时，这些实验也将向我们展示这些不同能源的优点和缺点。每种能源在使用时都有它的长处和短处，鉴别和衡量这些优势及挑战，是确定未来将如何使用能源的重要工作之一。每个实验的最后，会有一些相关的职业介绍和有趣的能量小知识。

在实验21中，观察风能如何工作

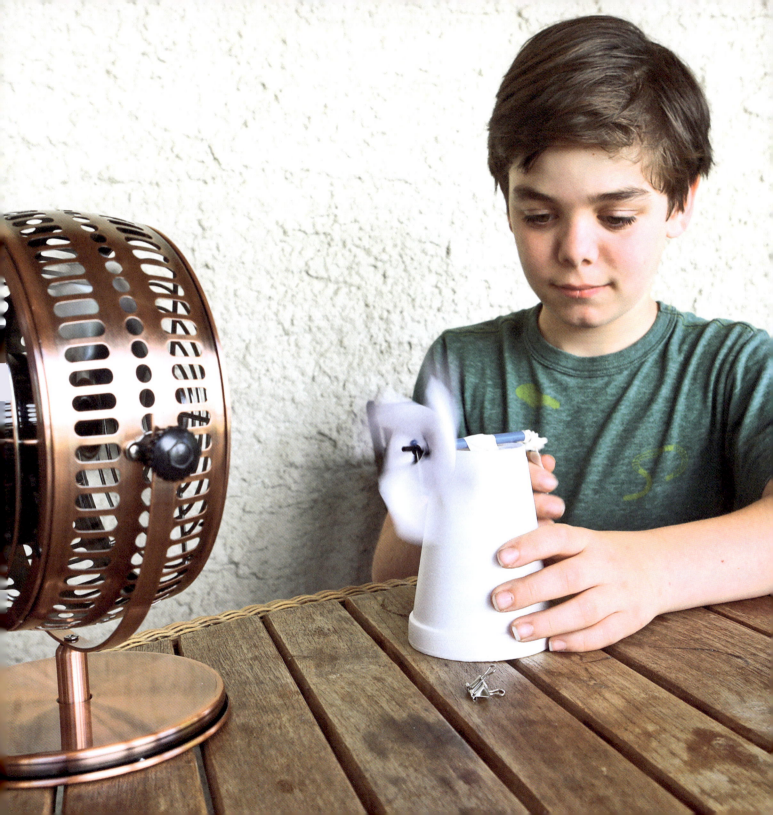

# 实验 15

# 采集糖果

可再生能源和不可再生能源为我们的生活提供能量。在这个实验中，我们将用糖果代表不同的能源，你是"能源小分队"的一员，你的工作就是补给能源。想一想，如果每一轮都在不断地消耗能源，能够持续多久？这个实验分为两个部分。

**实验时间**

30分钟

**人员准备**

这个实验需要大家一起做！确保你的组员不会因为太饿，吃掉我们的糖果，得等到实验完毕后才可以吃！

## 实验材料

⇨ 50颗MM豆

⇨ 2个塑料碗

⇨ 小塑料碟

⇨ 2根塑料吸管

⇨ 秒表

⇨ 3颗软糖豆（也可用其他糖果，与MM豆不同即可）

## 实验步骤

**第1步**：在实验的第一部分，将模拟过去是如何消耗能源的。将50颗MM豆放在碟子中。（图1）把碗放在旁边，用来放废弃物，杯子放在另一边。MM豆代表能源，作为"能源小分队"的成员，你必须每年向小镇供应能源，在这个实验中，用15秒代表1年。

**第2步**：将秒表设定为15秒，在这段时间内，每个人用吸管将MM豆吸住，尽可能多地转移到另一边的杯子中，吸管代表吸泵。（图2）过程中不能用手拿糖果，也不能用手扶吸管。

**第3步**：15秒时间到！数一数你转移了多少颗MM豆，这表示一年内你所能开采并管理的能源量。还剩余多少能源呢？将杯子中的MM豆倒入碗中，代表废弃物，即已被消耗的能源。（图3）

**第4步**：第2步和第3步总共重复4次（代表过了4年）。你还有剩余的能源（碟子里剩余的MM豆）吗？你认为剩余的能源还能这样用几年？

图2：用吸管吸取糖果。

图1：将50颗MM豆放在碟子中。

图3：将杯子中的糖果倒入代表废弃物的碗中。

图4：在MM豆中加入3颗软糖豆。

图5：把软糖豆放回碟子里继续使用。

## 科学揭秘

　　MM豆在本实验中代表不可再生能源。当你吸取转移了这些糖果时，代表消耗了这些能源，它们会消失或者被废弃。软糖豆代表可再生能源，这些能源能够在被使用后又快速产生。

　　过去，没有人注意到被我们消耗掉的不可再生能源有多少。我们也不理解不可再生能源需要多久才能重新产生。所以增加使用可再生能源，可以延长不可再生能源的使用期限。我们使用的可再生能源越多，剩余的不可再生能源就会保存得更久。而且，一些可再生能源更加清洁！

**第5步：** 现在开始实验的第二部分。将所有MM豆放回原来的碟子中，再在碟子里放入3颗软糖豆。（图4）进行和第2步相同的操作，但每个人只允许转移两颗糖果，时间还是15秒。

**第6步：** 15秒后，数一数杯子里有多少糖果，碟子里剩余多少糖果。然后将杯子里的所有糖果转移到代表装废弃物的碗中。但这次，软糖豆可以放回碟子，作为将来可以重复使用的能源（图5）。

**第7步：** 重复第5步和第6步，再做三次15秒的实验。看看这次加入软糖豆以后，剩余糖果的量是不是比之前更多一点？

# 巧克力豆挖掘比赛

**实验时间**

25-30分钟

**人员准备**

这个实验需要大家一起做!

**清洁注意事项**

在你的"开采基地"下面铺一张桌布或报纸。

图3:小心地挖出曲奇饼干上的巧克力豆。

 **实验材料**

➪ 巧克力豆曲奇饼干

➪ 牙签

➪ 回形针

➪ 方格纸

➪ 铅笔

➪ 可拍照的手机（可选）

➪ 秒表

煤和铀这样的能源，都是开采出来的。如今，采矿的同时需要非常谨慎地保护好采矿地土地和周围环境的安全。采矿过程是怎样的呢？在这个实验中，曲奇饼干上的巧克力豆代表我们要开采收集的矿物能源，曲奇饼干代表我们要开采的土地。你得小心仔细地操作，因为矿工需要在开采完之后将土地进行修复，还原成原来的样子。

## 实验步骤

**第1步：** 找到几个朋友组成采矿公司，每个采矿公司可以有几名队员。

**第2步：** 给每个队伍1块巧克力豆曲奇饼干、1根牙签、1个回形针和1张方格纸。

**第3步：** 每个队伍需要把曲奇饼干放在方格纸上，沿着曲奇饼干的边缘，用铅笔描边。（图1）如果有照相机的话，请在开始之前为曲奇饼干拍一张照片。

**第4步：** 每组只能用牙签和回形针作为采矿工具。不能用手！（图2、图3）开采出来的矿物（曲奇饼干上的巧克力豆）要放在用来计数的方格纸的格子里。

**第5步：** 将秒表定时为2分钟。2分钟后，数一数每组采得矿物的数量。（图4）假设采得的每颗巧克力豆能获得5元报酬，哪个队伍最成功呢？

图1：把曲奇饼干放在方格纸上。

图2：只能用牙签和回形针作为采矿工具。

图4：数一数你们小组采得的矿物的数量。

图5：试着将曲奇饼干恢复原状，代表修复采矿后的土地。

**第6步：** 想要继续挖矿？可以再挖2分钟，还可以选择花费5元购买额外的采矿工具，继续进行挖矿比赛。

**第7步：** 根据一开始勾画的图或拍摄的照片，改造采矿后的土地，即将挖出的巧克力豆和曲奇饼干碎渣重新拼合并放回最初勾画的饼干轮廓圈内，（图5）试着让你的曲奇饼干恢复原样。

**第8步：** 与其他队伍讨论，如何成为一家成功的采矿公司？如果在完成采矿后想让土地恢复原样，能每次都挖出所有巧克力豆吗？还有，是否需要购买更多可开采的土地，给矿工支付报酬呢？想一想，你的采矿公司挣钱有多难？

## 科学揭秘

土地修复就是在工厂使用完土地后，将土地还原成原来的样子或更好的状态。这就是说，如果一个工厂在森林里开采矿物，在开采完毕后，要将土地恢复成种植了相同数量及相同树种的森林原样，并且还要管理森林中树木的生长。如果原本这片森林中有鸟类栖息，那么还要重建同样的栖息地，帮助这些小鸟回归。

土地修复可以防止水土流失，恢复开采地的生态平衡，并确保土地的使用安全。采矿公司要在结束开采后投入一部分资金，确保后期土地修复的进行。公司要与当地政府合作，确保修复后的土地能够满足当地的需求。

# 实验 17

# 把油吸上来

石油（也可称为原油），埋藏在地下几千米的地方，为了把石油带到地表以上，石油公司必须钻凿几千米深的井。油井套管由许多管子组成，被放入油井中，将石油抽到地面。只要石油不自发渗透到别的地层，机器就可以通过制造压力，把石油从地下抽出来。那么需要多少吸力才行呢？让我们一起来模拟实验吧！

**实验时间**

15-20分钟

**人员准备**

这个实验需要大家一起做！

**清洁注意事项**

在室内做好实验装置，在室外或厨房的地面上完成实验，以免发生倾撒。

**安全注意事项**

在把"石油"吸出来的时候，你需要站在椅子或凳子上面，确保有朋友或大人扶着你。

图4：站在凳子上，让吸管从嘴巴处开始，垂直延伸到地面上的可乐杯中。

## 实验材料

⇨ 剪刀
⇨ 8根塑料吸管
⇨ 胶带
⇨ 可乐
⇨ 3个塑料杯（每个约88毫升）
⇨ 巧克力糖浆
⇨ 直尺

## 实验步骤

**第1步**：用剪刀在吸管两头剪出约1厘米长的缝隙。（图1）

**第2步**：将所有吸管首尾相连，做成一根长长的管子。（图2）

**第3步**：在每个连接处用胶带粘紧缝隙，防止漏气。（图3）

图1：在吸管两头剪出缝隙。

图2：将吸管首尾相连，做成长管子。

图3：每个连接处用胶带粘紧缝隙。

图5：往杯子里倒入巧克力糖浆，试着用吸管把它吸上来。

**第4步**：往一个塑料杯里倒入可乐，代表石油油井，将其放在地面上。

**第5步**：用拼接成的长吸管代表油井套管，将吸管的一端插入可乐杯中，保持垂直。

**第6步**：如果可能，需要站在凳子上，让吸管从嘴巴处开始，垂直延伸到地面上的可乐杯里。（图4）试着用嘴吸气，通过吸管把可乐吸上来。

**第7步**：如果没有成功，可能是因为吸管的连接处漏气了，用胶带在每根吸管的连接处再次固定。这次你可以把可乐吸上来了吗？

**第8步**：再试试另一个实验，往杯子里倒入巧克力糖浆，用巧克力糖浆代替可乐。尝试用相同的方法把巧克力糖浆吸上来。（图5）是不是更困难了？

**第9步**：去掉一根吸管，缩短管子的长度。再次吸杯子中的巧克力糖浆，这次你观察到了什么？

## 科学揭秘

　　黏性是液体的一种物理属性，它描述的是液体持续流动的程度。高黏性的液体比较稠密且流动缓慢；低黏性的液体则相反，比较稀薄且流动性较大。

　　来自地下不同区域且形成过程不同的原油，黏性和颜色都会有所不同。有些原油呈深棕色且较黏稠，甚至像蜜糖或巧克力糖浆；而另一些原油则比较清澈、呈淡黄色、黏性较低。

## 试一试！

　　继续尝试不同黏性的液体和不同形状的吸管，试着为每种黏性的液体找到最佳的吸取套管设备。

## 实验

# 完美钻探

**实验时间**

20分钟

**人员准备**

这个实验需要大家一起做!

**清洁注意事项**

请在室外完成实验,或在室内桌面铺上桌布后再实验。实验后,东西可能会变得比较滑!

图3:慢慢地往海绵上倒水。

想象一下,石油钻井就像你用吸管喝饮料,你的吸管需要几个开口才能将饮料吸上来呢?当然,只需要一个。这个实验将帮助我们一起探索,钻井公司将更多石油从油井中吸出的技术。更多的开口会吸出更多的石油吗?我们一起来实验吧!

图1：把一块海绵放在盘子上，上面再放一根吸管。

图2：将另一块海绵放在吸管上，两块海绵边缘对齐。

## 📎 实验材料

⇨ 2个塑料盘子（或干净的盛菜碟子）

⇨ 保鲜膜

⇨ 2块厨房用海绵（形状大小相同）

⇨ 可弯曲吸管

⇨ 胶带

⇨ 盛有水的量杯

⇨ 3本相同重量的书（或砝码）

⇨ 30毫升的量筒（或量药杯）

⇨ 大头针

⇨ 直尺

⇨ 纸巾

## 实验步骤

**第1步：** 剪一大片保鲜膜，把塑料盘子包起来。

**第2步：** 把一块海绵放在包好的盘子上，将吸管平放在海绵上，吸管的一头超出海绵边缘。（图1）

**第3步：** 将另一块海绵放在第一块海绵和吸管上面，两块海绵的边缘对齐。（图2）

**第4步：** 慢慢地把水倒在海绵上，让海绵吸饱水，直到有一点点水漏出来。（图3）记录下用了多少水。

**第5步：** 用保鲜膜把海绵包起来。（图4）可以用胶带密封，让水无法渗出。

**第6步：** 将另一个盘子放在露出头的吸管下方，收集液体。

**第7步：** 每次放一本书在海绵上，观察从吸管中流出的液体量。（图5）可以用手下压，增加额外的力，把海绵中的水挤出来，直到不再有多余的水流出。

图4：用保鲜膜把海绵包起来。

**第8步**：将收集盘里的水倒入量杯量一量。（图6）

**第9步**：拆除装置，同时挤压海绵，将多余的水排出。

**第10步**：用大头针在吸管底部距离管口3厘米处扎一些洞。（图7）

**第11步**：用新的保鲜膜将海绵包上，和第3步一样，将吸管放在两块相同的海绵中间。重复第4至8步，用等量的水浸透海绵。你注意到收集的水量的变化了吗？

图5：把书放在海绵上。

图6：测量收集盘里的水量。

图7：用大头针在吸管底部距离管口3厘米处扎一些洞。

## 科学揭秘

　　这个实验展示了一些有关开采石油和天然气方面的技术。在实验的第一部分，模拟了油井内的吸管，只通过一个开口就能将石油带到地面；而在实验第二部分，在管壁上扎了若干小孔后，你应该注意到了，从海绵（代表油井）中流出的液体量会更多。在钻井的过程中，会使用到炸药，这样石油和天然气就会从套管的四面八方流进来，而不仅仅从一个开口流入。

　　你可能想知道：为什么这个实验装置是水平放置的？虽然油井是垂直钻探的，但是用特殊的机器或者定向钻井技术的话，也可以进行水平钻探。这也就意味着我们可以钻探离井口位置很远的油井，而不是挖很多口井。那么，为什么要用海绵来模拟油井呢？海绵里面的孔可以堵塞水分，就像沉积岩堵塞了石油和天然气一样！

## 找到丙烷很容易！

　　丙烷是十大能源之一。但是怎样从自然界中发现它呢？丙烷可以从石油和天然气中分离出来，当找到石油或天然气时，通常也会有丙烷！丙烷非常有用，它可以用作燃料、供暖、干燥粮食、发电，甚至可以用来驱动叉车。

# 压裂明胶

**实验时间**

30分钟加一整晚（为了让明胶凝固）

**人员准备**

这个实验需要大家一起做！让成年人帮忙准备明胶，如果有朋友帮你拍下明胶被压碎的过程会很有趣！

**安全注意事项**

会用到沸水来制备明胶，这一步需要请成年人来帮忙！

**清洁注意事项**

这项实验最好在铺有塑料桌布或报纸的桌子上操作。将纸巾、毛巾和温水放在手边，随时用来清理。

―――――――

① 我国也有丰富的天然气资源（编者注）。

天然气是一种像石油一样的化石燃料，两者有相似之处，因为它们形成的自然条件是一样的，但不同的是，天然气是气态的，而石油是液态的。在北美洲有大量的天然气资源①，这些都是不可再生能源。天然气的气泡通常陷在岩石中细小的孔里，就像你脸上的毛孔会吸油、灰尘和空气一样！为了打开这些小孔，释放天然气，天然气开采公司会使用一种称为水力压裂的技术来收集天然气。这个实验将模拟压裂技术在地下是如何进行的。

图5：推动注射器的柱塞，将糖浆注射到明胶块中。

 **实验材料**

⇨ 水
⇨ 平底锅（或水壶）
⇨ 大容量量杯
⇨ 3包原味明胶
⇨ 球形搅拌器
⇨ 托盘
⇨ 喷雾油

⇨ 铲子
⇨ 西餐用的大盘子
⇨ 可弯曲吸管
⇨ 直尺
⇨ 大头针
⇨ 保鲜膜
⇨ 塑料注射器（22毫升）
⇨ 胶带
⇨ 糖浆
⇨ 塑料刀
⇨ 纸巾

图1：将吸管插入明胶块的侧面。

## 实验步骤

**第1步：** 在进行这个实验的前一天晚上准备好明胶，保存在冰箱里。按照以下步骤制备明胶：

（1）用平底锅（或水壶）在炉子上烧水。

（2）当水沸腾时，往量杯中倒入半杯（约118毫升）的室温水。

（3）在室温水中加入3包明胶，然后用搅拌器搅拌。

（4）再分3次倒入半杯沸水，现在量杯中应该有4杯（约946毫升）液体了，继续搅拌并溶解明胶。

（5）用喷雾油喷涂托盘，然后将明胶溶液倒入盘中。

（6）冷藏过夜。

**第2步：** 用塑料刀将明胶切成四或五块，取下一块，用铲子转移到餐盘上。

**第3步：** 将吸管插入明胶块的侧面，使其平行于餐盘。（图1）把它插入大约一半到三分之二的位置，注意不要从对面一侧穿出。

**第4步：** 用吸管将孔道里多余的明胶去除，用完丢弃吸管。

## 科学揭秘

"水力压裂"技术可以帮助石油公司获得深埋在地表下数千米的岩石孔隙中的天然气（和石油）。

技术人员先用金属管向下钻出一个开口，然后将高压液体冲入气井，这种液体通常是由水、滑滑的东西（如肥皂）和少量沙子制成的。液体在高压下撞击岩石，就像你注入明胶的糖浆一样，它们无处可去，就会使井壁周围的岩石裂开。正如你在实验中观察到的，那个明胶内部用吸管做出的"隧道"周围，出现了裂痕。这些裂缝或缝隙，会让岩石中的小孔打开，这样石油和天然气就可以从孔中跑出来，并被吸出地表。在地面上，人们从注入液中分离出石油和天然气，再将它们用于家庭烹饪、工厂供能和电厂发电。

实验
**19**

**压裂明胶**

图2：用大头针在吸管上戳6个孔。

图4：往注射器中倒入糖浆。

图3：用保鲜膜把吸管的一端包住。

**第5步：** 在直尺有刻度的一侧放一根新的吸管，用大头针在吸管一端距离管口约10毫米的位置开始，依次戳6个孔，每个孔间隔3-5毫米。（图2）如果大头针无法直接戳穿吸管，可以旋转吸管并反复穿刺。

**第6步：** 用保鲜膜把扎了洞的吸管的一端包住，以免在接下来的步骤中发生渗漏。（图3）

**第7步：** 将吸管的另一端和塑料注射器的注射口，用胶带固定在一起，密封好。

**第8步：** 拆下注射器的柱塞，往注射器中倒入糖浆。（图4）略微倾斜一点会比较好倒，直到注射器和连接的吸管都灌满糖浆。

图6：观察明胶的变化，会看到一些裂缝出现。

**第9步**：快速地将柱塞放回注射器，注意不要让糖浆喷出来。当然，它可能会滴出来一点。

**第10步**：去掉包在吸管一端的保鲜膜，将有孔的那段吸管，插入明胶的那个洞中。

**第11步**：迅速用力推动注射器的柱塞，将糖浆注射到明胶块中。（图5）

**第12步**：观察明胶的变化，你可能会看到一些裂缝。（图6）把吸管从明胶块中取出，整理桌面，然后用另外一块明胶重复实验。

## 多孔性

哪些东西是多孔的？如果一样东西有很多孔洞或开口，它就能捕获液体或气体。你的脸、海绵、草莓酥饼，甚至一些岩石，都是多孔的。

由沙子和泥土这些沉积物层层堆叠，经过几百万年形成的岩石，叫做沉积岩。在它们形成的过程中，尘埃和沉积物之间往往会留出一些空隙，有些岩石的空隙较小，有些空隙较大，或有不同形状的空隙，这取决于它们形成时的条件。这些空隙被称为孔，有大量小孔的岩石，我们称它的孔隙度很高。

有时，一些生物，如植物或微小的海洋动物（浮游生物）等，也会被困在沉积岩中。随着生物的腐烂和压力的增加，形成了石油和天然气，并渗入孔隙。如果孔与孔非常靠近，石油和天然气可以从一个孔流动到另一个孔。然而，有些孔离得不太近，就不会发生这样的情况。地质学家通过寻找高孔隙度的岩石，来寻找石油和天然气，孔不用很大，只要数目够多，就能藏住好东西了！

# 开采铀矿

**实验时间**

45分钟

**人员准备**

这个实验很简单！单人就可以完成。但出于安全考虑，你可以再寻找一位组员，最好是和成年人一起完成实验。

**安全注意事项**

你可以用炉子或煤气灶来完成这个实验，要小心使用水壶和玻璃器皿，在开火炉或煤气灶前，先和大人一起检查一下。

**清洁注意事项**

这个活动需要在铺有桌布或报纸的桌面上完成，可能会弄得比较脏乱！

铀是核电站用来发电的燃料。它是矿石和岩石中最常见的一种元素，但是在使用铀之前，我们必须把它与矿石分离，这个过程就是筛选。在这个实验中，你是一位采矿工，你要试着从混合物中分离出盐、细沙和小石子，最后只保留盐——这和开采铀矿的过程非常类似。

## 📎 实验材料

- ⇨ 厨房用电子秤
- ⇨ 10克细沙
- ⇨ 10克盐
- ⇨ 5克小石子
- ⇨ 塑料杯（或塑料碗）
- ⇨ 小片的筛网（或金属网）
- ⇨ 水
- ⇨ 咖啡滤纸
- ⇨ 烧杯（或玻璃量杯）
- ⇨ 量勺
- ⇨ 小锅
- ⇨ 金属勺

图1：把盐、细沙和小石子的混合物用筛网过滤。

## 实验步骤

**第1步：**把盐、细沙和小石子放入塑料杯（或塑料碗）中混合均匀。如果没有按照材料建议的量准备，请确保你知道每一种成分的量。在这个活动中，盐代表铀，沙子和石头代表矿石中的其他成分。

图2：把水溶液和矿石的混合物倒入滤纸过滤。

图3：把过滤后的水溶液倒入小锅。

图4：收集留在小锅内的固体物质。

**第2步：** 把混合物倒在筛网上，开始试着筛选"铀"。（图1）把大颗粒物分离出来，放在一旁。

**第3步：** 把筛过的矿石与3–5勺水（约44–74毫升）均匀混合并搅拌。

**第4步：** 把一张滤纸放置在烧杯（或量杯）上，缓慢倒入第3步中的混合物。（图2）留在滤纸上的，就是废渣。取下滤纸和废渣，放在一旁。

**第5步：** 把过滤后的水溶液倒入小锅。（图3）煮沸，直到水分全部蒸发。

**第6步：** 收集留在小锅内的固体物质，它们就是"铀"。（图4）最后能收集到多少"铀"呢？把它们放在电子秤上称量，与实验开始时加入的盐的重量比较一下。

## 试一试！

现在让我们来做一个简单的数学计算。实验开始时，我们加入了25克的实验材料，用最后收集到的"铀"（盐）的重量除以25克，我们就可以测算出采矿过程中收集到的铀矿的百分比。那么，矿石中其他成分的百分比是多少呢？

## 科学揭秘

岩石里含有能够被分离出来的各类物质。把某种岩石或矿石里的物质分离出来，就能找到有用的矿物质，比如金、锡、铝和铀。

在开采铀矿时，矿石被研磨成小小的颗粒，就像这个实验开始时放入的小颗粒一样。通常会用某些特定的化学物质来溶解铀，使它与矿石中的其他物质分离——在这个实验中，水可以溶解并帮助提取混合物中的盐。

不同的铀矿的含铀量也不同。根据矿石的具体条件，可以提取出微量或大量的铀。当铀被分离出来以后，会经过干燥处理并被压缩成橡皮擦大小的颗粒。核电站会使用这些铀，通过核裂变来发电。

# 风的力量

图6：试着向你的风车吹气。

**实验时间**

30分钟

**人员准备**

这个实验很简单！单人就可以完成，也可以找个实验伙伴一起做！

几个世纪以来，我们一直利用风能来工作。流动的空气可以被用来泵水、磨面、移动船只和发电。风力涡轮机发电的原理和用来磨面、泵水的风车是一样的。在这个实验里，制造一台风车，看看流动的空气能产生多大的能量吧！邀请你的小伙伴们一起来举办一场风车大赛！

## 实验材料

- ⇨ 铅笔
- ⇨ 打印纸（或美术纸）
- ⇨ 剪刀
- ⇨ 打孔机
- ⇨ 纸杯
- ⇨ 粗吸管
- ⇨ 细吸管（直径小于粗吸管）
- ⇨ 记号笔
- ⇨ 直尺
- ⇨ 胶带
- ⇨ 大头针
- ⇨ 棉线
- ⇨ 回形针
- ⇨ 小长尾夹
- ⇨ 电风扇

## 实验步骤

**第1步**：照着第71页上风车模板的图案，用铅笔把它描画或影印到一张纸上。

**第2步**：把正方形轮廓剪下来，沿着虚线剪四刀。

图1：在剪下的图案的四个角和中央打孔。

图2：剪下一段粗吸管，粘在倒扣的纸杯底上方。

图3：用细吸管做中轴，在一端插入一枚大头针。

**第3步：** 用打孔机，在纸上四个角和中央的黑点处打孔。（图1）

**第4步：** 把纸杯以杯口向下的方向，倒扣在工作台上。

**第5步：** 把粗吸管放在倒扣纸杯的杯底上方，用直尺量出一段比纸杯底直径长一点的吸管，用记号笔做上标记，剪下这段吸管，用胶带将这段吸管黏在纸杯底部。（图2）纸风车中轴的外套就做好啦！

**第6步：** 用细吸管做纸风车的中轴，长度剪成比纸杯底的直径长至少5厘米。用记号笔在细吸管一端距离管口1厘米处画一个点，从这个点往细吸管内插入1枚大头针。（图3）纸风车中轴的前端就完成了！

**第7步：** 让纸风车中央的小孔穿入中轴的前端（细吸管上扎有大头针的那端），纸背紧贴着大头针。向前翻折纸风车的四个角，让四角上的小孔与中央的小孔重叠，一起套入中轴的前端，纸风车的四片扇叶就做好了！（图4）小心不要把扇叶弄皱了。往纸风车前侧的细吸管上插入另一枚大头针，用来固定扇叶的位置，如果太松，也可以用胶带固定。

**第8步：** 把细吸管的另一端插入纸杯底上方的粗吸管内。

**第9步：** 剪下一段40厘米长的棉线，用胶带粘在细吸管的后端。（图5）将棉线的另一端系在一枚回形针上。确保细吸管和回形针之间的棉线至少有30厘米长。

## 科学揭秘

风具有能量！在这个实验里，你亲手制作了一台实用的风车。历史上，风车曾经被用来泵水、吊起重物、研磨谷物和石头，甚至可以让印刷机工作！

1888年，一位农民想到，他可以在家里用风车的运动部件来发电。他的第一台风力涡轮机有144片扇叶，用来带动皮带、滑轮和发电机。那台机器跟你做的模型非常相似，竟然可以同时点亮350盏灯——对于第一台风力涡轮机而言，这是相当了不起的！

现代风力涡轮机的形状、大小各不相同，在各个领域都能见到它们的身影，例如山顶、博物馆甚至体育场内。它们常常只有3片扇叶，而不是像你做的风车那样有4片扇叶。今天的大型涡轮机，可以给1,000户家庭输送电力！

图4：把纸风车的四个角向前翻折，套入中轴的前端，做出四片扇叶。

图5：用胶带把棉线的一段粘在细吸管的后端。

图7：把纸风车放在电风扇前，纸风车就开始旋转了。

**第10步**：用小长尾夹夹紧细吸管的尾端，防止其从粗吸管中滑落。

**第11步**：朝着纸风车吹气，调整插在细吸管上的大头针的位置。（图6）确保纸风车的扇叶在旋转时不会碰到纸杯。

**第12步**：把纸风车放在电风扇前，你会看到随着扇叶的旋转，细吸管尾端上的线会被缠绕得越来越短，直到回形针被拉到最高处。（图7）继续增加棉线上系的回形针的个数，看看你的纸风车能提起多少个回形针？

## 试一试！

重新设计你的风车。想一想：怎样才能让它拉起更多的回形针、更重的东西，或者让它做其他类型的工作呢？

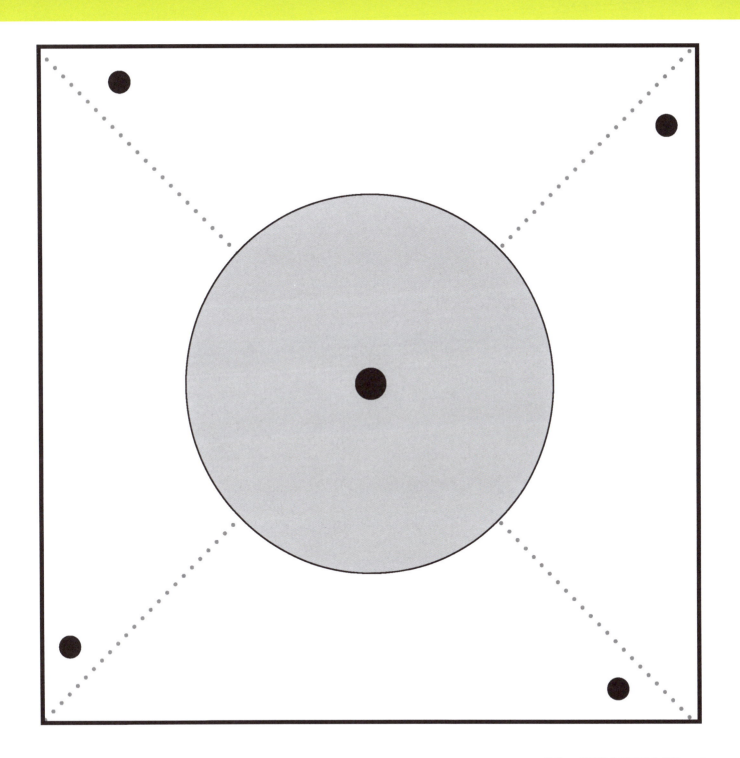

# 地热热水器

**实验时间**

45分钟

**人员准备**

这个实验很简单！单人就可以完成。当然，和小伙伴们一起完成会更有趣和有序。

**安全注意事项**

这个实验会用到热水，请小心使用，因为被热水泼到或滴到，会灼伤皮肤，而且太热的水甚至会软化塑料杯和吸管！倒水的时候要小心，特别是当有加热垫在旁边时，绝不能让水沾上电器！

**清洁注意事项**

这个活动适合在厨房一角或铺有塑料垫的桌子上操作，过程中会滴水，所以手边要有毛巾或纸巾！

图4：将V字形吸管用胶带固定在烤盘上，把两个杯子分别放在长方形烤盘两角的外侧。

地热就是地球内部的热量。地球的核心非常炽热，核心的热量会通过岩层传递出来，火山岩浆和喷发着沸水的间歇泉都是由地热造成的。高温的地热能还可以用来发电。

不是所有地方都有地热资源，但我们依然可以利用地表下恒定的温度来让我们的房子升温或降温。在这个实验中，你将体验到，我们是如何利用地热能，把从你家里流出的水，变成更热或更冷的水。

图1：在杯子底部戳一个孔，做成一个漏杯。

图2：把4根可弯曲吸管首尾连接，用胶带固定连接处。

## 🖇 实验材料

➡ 2个塑料杯
➡ 铁钉
➡ 剪刀
➡ 4根可弯曲吸管
➡ 胶带
➡ 钳子
➡ 烤盘（33厘米×23厘米）
➡ 加热垫（通电加热的垫子或毯子）
➡ 纸巾
➡ 毛巾
➡ 电子温度计
➡ 冰块
➡ 冷水
➡ 笔记本和铅笔
➡ 隔热手套
➡ 热水

## 实验步骤

**第1步：**用铁钉（或剪刀）在一个塑料杯的底部戳一个孔，做成一个漏杯。（图1）在另一个杯子的杯壁上戳一个孔（距离杯口约1.3–2.5厘米），做成一个收集杯。

**第2步：**把4根可弯曲吸管首尾连接。确保每根吸管的长段塞入另一根吸管的短段管口内，并用胶带缠绕连接处加以固定。（图2）

**第3步：**把第一根吸管短段的末端，塞入收集杯的孔中。（图3）可以用钳子夹住吸管往里拉。要把吸管弯曲处全部插入杯子，这样水才能滴进杯子里而不会漏出来。如果塞入的吸管长度超过杯子的直径，用剪刀修剪一下，不要让吸管碰到杯壁。用胶带固定住吸管和杯壁的连接处。

**第4步：**把吸管的另一端塞入漏杯底部的小孔中，可以用钳子夹住吸管往上拉，然后用胶带固定住吸管和杯底的连接处。

第5步：弯曲漏杯下面的第二根吸管，把吸管在烤盘上摆平，做成V字形，把漏杯竖起来拿着。将V字形的吸管用胶带固定在烤盘上，把两个杯子分别放在长方形烤盘两角的外侧。（图4）

第6步：打开加热垫的开关，调到最高温度。把烤盘放在加热垫上方的中央位置。注意：杯子下方不能有加热垫，以免水滴到加热垫上。在杯子下面垫一些纸巾，这样滴下来的水就会被纸巾吸收，而不会直接流到加热垫上。

第7步：在放置于烤盘里的吸管上盖一块毛巾，等待10分钟，让温度上升。

第8步：在漏杯里倒入冰水，用温度计测量温度，记下温度。（图5）

第9步：水会开始充满收集杯，测量收集杯的水温。（图6）温度改变了吗？排空杯子和吸管里的水，关掉开关并拿走加热垫。

图3：把第一根吸管短段的末端插入收集杯的孔中。

第10步：试试看相反的情况！把一些水加热到38℃，别太烫了。

第11步：确保V字形吸管固定在烤盘上，吸管弯曲处插入了杯子，并用胶带密封好。在烤盘里铺满冰块，盖上毛巾。

第12步：在漏杯里倒入热水，开始测量温度，记录在笔记本上。

第13步：测量收集杯内的水温，发现它和漏杯内水温的区别了吗？

图5：在漏杯里倒入冰水，测量杯内水温。

图6：测量收集杯内的水温。

## 科学揭秘

　　地球的地热能可以通过热传导来加热或冷冻其他物质。在高温地热发电厂，地热喷口会加热池子里的水，形成蒸汽，蒸汽被用来发电。地球上的有些地方，比如冰岛、美国加利福尼亚州的部分地区拥有丰富的地热资源[①]，会自然地喷发蒸汽！尽管有些地方来自地心的热量不那么明显，但是由于有地热能，位于地表1-2米以下的土壤，仍能保持相当稳定的温度！

　　地表温度每天都会随着天气而改变。在冬季，我们可以用家里的热交换器，把地下数米的空气或水泵上来。那里的水比地面的要温暖，通过热传导交换热量，让我们的房间变得温暖！这就是你在这个实验的第一部分观察到的。把冷水泵到温暖的地方，流出到收集杯里的水就会变暖。

　　在夏季，地表空气可能比地下的更热。然而，热交换器也能让房间保持凉爽，只要让温暖的液体接近地下更冷的液体，这样温暖的液体也会变冷！这就像这个实验的第二部分——外面很热，但里面很凉快！

---

① 我国也有着丰富的地热资源，主要分布在东南沿海和内陆盆地地区（编者注）。

## 实验 23

# 太阳灶

**实验时间**

超过1小时（制作和烹饪）

**人员准备**

这个实验需要大家一起做！和小伙伴们一起做饭总是很有趣的。你们还可以比一比，谁做的太阳灶最好。

**安全注意事项**

在决定烹饪的食物时，要选择那些就算没煮熟，吃了也不会让你生病的食物。用厨房温度计来测量你的食物是否经过了充分加热。

你有听说过"外面热得简直可以煎鸡蛋了"这句话吗？真的可以这么做！太阳的辐射能以光的形式传播到地球。如果你能把这种光能转换为热能，那么就产生了烤箱效应。如果你曾经有过在炎热的季节，把糖果留在车内的经历，你就能明白了。在这个实验里，我们将自己做一个太阳灶，在晴天的时候就可以用它来做饭啦！

##  实验材料

⇨ 小型硬纸板比萨盒
⇨ 记号笔
⇨ 直尺
⇨ 剪刀
⇨ 铝箔
⇨ 保鲜膜
⇨ 强力胶带
⇨ 黑色的美工纸
⇨ 纸餐盘（最好是黑色的）
⇨ 木杆
⇨ 厨房温度计（可选）
⇨ 待烹制的食物（例如饼干、玉米脆片、奶酪丝或胡萝卜）

图5：把太阳灶放到室外。

## 实验步骤

**第1步：** 在比萨盒的盖子上用记号笔画出一个边长2.5厘米的正方形。

**第2步：** 用剪刀沿着线剪开正方形的左右两条边和前面的一条边，但后面的一条边不要剪。（图1）

**第3步：** 在这扇"门"的内侧用胶带贴上铝箔。（图2）让光亮的一面朝外，这样能够把阳光反射到盒内。抹平铝箔表面的皱褶。

图1：沿着盒盖上画的正方形剪开3条边，留下第四条边作为"门"的铰链。

图2：在这扇"门"的内侧用胶带贴上铝箔。

## 科学揭秘

太阳辐射能以光的形式传播到地球，照射在太阳灶上，覆盖着光亮铝箔的反射片可以将光能反射到食物上。光线穿过透明的保鲜膜，被底板上的黑纸和纸餐盘上的食物吸收，食物和黑纸将吸收的光能转换为热能。

只要把太阳灶一直放在太阳下面，就会有越来越多的光能转换为热能，但热量无法透过保鲜膜散失——它被困住了！热能被盒子里的食物吸收，起到烹饪食物的作用。因此，夏天进行这个活动，就很容易成功。当然，在冬季的晴天也可以这样"做饭"，可能花费的时间会稍微长一些，但光能转换为热能的方式是一样的！

## 试一试！

给太阳灶增加隔热层，用一些报纸、气泡膜或棉花球围在纸盒内侧。这些材料会占据盒子里的空间，困住更多的热能！你的食物是不是会热得更快了呢？

实验 23

太阳灶

图3：用保鲜膜覆盖住盒盖外侧剩余的部分。

**第4步：** 翻开反射片，用保鲜膜覆盖住盒盖外侧剩余的部分。（图3）在盖子边缘用胶带密封。

**第5步：** 将盒盖完全打开，在盒盖内侧贴上保鲜膜，然后用胶带密封。

**第6步：** 在盒子内部的底面贴上黑色的美工纸。（图4）

**第7步：** 把食物放在纸餐盘上，深色的纸餐盘能吸收更多的光。把纸餐盘上的食物、木杆、胶带、温度计和制作好的太阳灶放到室外。（图5）

图4：在盒子内部的底面贴上黑色的美工纸。

图6：在阳光下找一处平坦的水平面，用太阳灶"做饭"。

图7：支起反射片，让它保持倾斜以收集阳光。

**第8步：** 在阳光下找一处平坦的水平面，接下来用你的太阳灶"做饭"吧！（图6）把食物和温度计放在盒子里，盖上盒盖，用胶带固定木杆，支起反射片，让它保持倾斜以收集阳光。（图7）确保太阳灶面向太阳，这样阳光就能照到反射片上，然后反射到食物上。

**第9步：** 持续让太阳灶加热食物。食物可能需要几分钟，或几个小时才会变得温暖，这取决于你烹饪的食物和居住的地方。每隔5–10分钟检查一下食物，要根据太阳位置的变化不断调整太阳灶和反射片的角度。饭做好了吗？享用吧！（图8）

图8：享用美食吧！

# 实验 24

# 生物质能袋子

生物质能是由生物产生的能源。木材、垃圾、动物粪便、填埋物和庄稼都有生物质能。它们在被焚烧、发酵或腐烂之后，可以释放出能量。在这个实验中，我们将从袋子里获得一些生物质能。

图1：往自封袋里装入一些食物残渣。

## 实验步骤

**第1步：** 打开自封袋，装入一些你在室外捡到的园艺垃圾，如树叶、花草等。

**第2步：** 再往袋子里装一些食物残渣，最好不要有肉，可以放入一些蔬菜、水果和比萨饼皮！确保装入后袋子里还有足够的空间。（图1）

**第3步：** 往袋子里加入一撮酵母粉。（图2）

**第4步：** 加入少许水，使混合物湿润。

**第5步：** 在封上袋子前，把袋子里的空气尽量排空。（图3）给袋子拍张照片，把你看到的第一天的状态，记录在笔记本上。

**第6步：** 把袋子放在像窗台那样温暖的地方，放置一周或更久。（图4）每天拍一张照片，观察袋内物和空余处的变化。

**实验时间**

15分钟，还有每天几分钟

**人员准备**

这个实验很简单！单人就可以完成。

 **实验材料**

⇨ 塑料自封袋
⇨ 园艺垃圾（树叶、枯草等）
⇨ 吃剩的食物残渣（生菜、比萨饼皮等等）
⇨ 一小包酵母粉
⇨ 水
⇨ 相机（或有照相功能的手机）
⇨ 笔记本和铅笔

图2：往袋子里加入一撮酵母粉。　图3：把袋子里的空气尽量排空。　图4：把袋子放在像窗台那样温暖的地方。

## 薯条燃料

　　酒精和生物柴油是用生物制造出的燃料。

　　酒精可以用发酵的玉米、青草或甘蔗制造，是一种可以给交通工具提供能量的液体。在美国，汽油中会混入少许酒精，一些汽车使用含85%酒精的汽油[①]，酒精甚至还被用于赛车！

　　生物柴油是用植物油或动物油脂制成的柴油燃料。生物柴油像酒精一样被加入柴油，或者也可以直接在汽车、卡车、垃圾车和公共汽车上使用。收集餐厅油炸食物后的废油，也可以用来生产生物柴油！

---

① 按照我国的国家标准，乙醇（酒精）汽油是用90%的普通汽油与10%的燃料乙醇调和而成（编者注）。

## 科学揭秘

　　生物能是用生物制造出来的能源，它们的能量源头都来自于太阳。植物吸收光能进行光合作用，产生养料得以生长。我们常常通过燃烧这些植物和木材来释放它们在光合作用过程中储存的能量。

　　生物在死亡后，会随着时间的推移慢慢腐烂，在这个过程中，经常能闻到腐败的气味。我们可以收集这些腐烂分解过程中产生的气体，燃烧它们来获得能量！这就是垃圾填埋场能产生能量（发电）的原因——收集腐败垃圾的气体，然后燃烧它们！

　　在这个实验中，塑料袋里也会发生这种腐烂的过程。我们还往袋子里加入了酵母菌，把酵母菌加入到有机物中后，它们会进行一种生化反应——发酵。酵母菌、霉菌能够把生物体进行分解，并转变成酒精和气体，从更大的程度上说，这就是酒精燃料的生产过程。

　　你注意到袋子里的变化了吗？袋子发生膨胀了吗？我们正在观察的就是发酵和腐烂的过程！热量会有利于腐烂和发酵过程的发生，这就是为什么要把袋子放在温暖的地方。如果把这个袋子放在凉爽的地方，你还能观察到同样的现象吗？

# 水坝的乐趣

图5：将瓶身竖直放在托盘里，小孔对着托盘内的刻度标记。

**实验时间**

20分钟

**人员准备**

这个实验需要大家一起做！

**清洁注意事项**

这个实验应该在室外或厨房做，因为会把周围弄湿！

水能是水流动时所产生的能量。通常，我们会利用河流中的这种能量。建立水坝是为了将水蓄积在水库里，从而控制水流，驱动连接着发电机的涡轮转动。水库水位的高度对这个过程有影响吗？在这个实验中，你将探索水电站大坝的高度和产生的能量之间的关系。

## 实验材料

⇨ 汽水瓶（2升，表面光滑，带盖子）
⇨ 托盘
⇨ 直尺
⇨ 记号笔
⇨ 大头针
⇨ 水
⇨ 强力胶带
⇨ 纸巾
⇨ 笔记本和铅笔

## 实验步骤

**第1步：** 撕去汽水瓶外侧的粘纸和标签，确保瓶身干燥。

**第2步：** 把直尺放在托盘内的底部，每隔2.5厘米用记号笔做一个标记。（图1）

**第3步：** 把汽水瓶放在托盘里，用尺从瓶底开始测量，在瓶子的5厘米、10厘米、15厘米和20厘米处做上标记。（图2）

**第4步：** 用大头针在瓶身上的标记处扎出小孔。（图3）用强力胶带贴住小孔。（图4）

**第5步：** 往瓶子里倒水，直到液面高达20厘米。盖上瓶盖，密封瓶子，不要有任何泄漏。

图1：在托盘内的底部，每隔2.5厘米做一个标记。

图2：在瓶身上每隔5厘米做标记。

图3：用大头针在瓶身标记处戳出小孔。

图4：用强力胶带贴住小孔。

**第6步：** 将瓶身竖直放在托盘里，小孔对着托盘内的刻度标记。（图5）打开瓶盖，撕掉5厘米处的胶带，水会射到多远？把距离记录在笔记本上。

**第7步：** 用胶带封住小孔，然后往瓶子里倒水，直到液面高达20厘米，盖上瓶盖。把瓶子竖直放在托盘里。

**第8步：** 重复第6步和第7步3次。

**第9步：** 把瓶子外侧擦干，封好小孔。按照第5–8步，对另外3个小孔都各重复实验3次。哪个高度的水射得最远，射出的力最大？

## 科学揭秘

水电站通常建有一个大坝来阻挡水。如果你曾见过水坝，可能会注意到水通常是从坝上流下来的。这种效应在水电站是非常重要的，正如你在这个实验中所看到的：在水坝中，水通过导水管从水库顶部输送到涡轮机，导水管的角度使水能够以很大的力量往下冲。

水坝要确保水的高度落差能够产生足够的水压，也就是说，上方有大量的水往下压，水压越大，涡轮转得越快，就能驱动发电机发电。

你也许已经注意到，在你制作的装置中，汽水瓶上方小孔射水的压力不大，而最下方的小孔射水压力最大，水坝就是利用这点来建造的。同时，水坝还应尽可能保持一定的水位，以便最大限度地发挥水的能量。

# 使用能源

**想象一下，你每天要消耗多少能源。**

唤醒你的闹钟是由电力驱动的，你的手机需要每天充电，洗澡用的温水来自电或天然气加热，吃完早饭后，你要乘坐公共汽车去上学。这些只是你一天所消耗的能源中的一小部分。北美洲的一个普通市民每天消耗的能源相当于22-30升汽油！

我们有许多消耗能源的方式，其中很大一部分能源被用于运输——用私人或公共交通工具来运输我们自己，或将货物从生产地运输到销售地。另一大块能源被用于发电，来启动我们的手机、电脑、电视、冰箱、电灯等。剩下的能源被我们用来产生热量，以保持家中的舒适，做好吃的食物。

这个单元的实验，将展示我们每天消耗或使用能源的各种方式，我们是如何使用风能、石油和生物质能等能源，如何将它们转换为我们每天生活所需的能量。

在实验29中，利用闭合电路点亮灯泡

## 实验

# 26

# 饼干燃料

**实验时间**

30分钟

**人员准备**

这个实验需要大家一起做！和几个小伙伴们一起完成会让实验更有趣！

我们每天都要消耗大量的能源，只是为了从 A 点移动到 B 点。大部分的车辆都靠石油产品来运行，比如汽油和柴油。有些车子比其他车子效率更高，能让我们用更少的燃料行驶得更远。"百公里油耗"[①]指的是汽车在道路上行驶时每百公里平均燃料消耗量，是一种常用的描述汽车油耗的指标。在这个实验里，你将用有限的汽油模拟"绕城旅行"，来了解汽车的油耗水平。

图4：让所有参与者拿着卡片和饼干从"家"标记处出发。

---

① 原文使用"每加仑汽油能行驶的英里数（MPG）"作为油耗指标，中文版用我国更通行的"百公里油耗"指标来替代（编者注）。

图1：每个食品袋里装10块饼干。

图2：在指定的起点处，用胶带贴上"家"的标记。

## 🖇 实验材料

- ⇨ 饼干
- ⇨ 塑料自封袋
- ⇨ 美工纸
- ⇨ 记号笔
- ⇨ 胶带
- ⇨ 卡纸（7.6厘米 × 12.7厘米）
- ⇨ 网络

## 实验步骤

**第1步：**给每个参与者一个自封袋，每个袋子里装10块饼干。（图1）

**第2步：**在3张美工纸上分别写上"家"、"市中心"和"城市的另一端"。

**第3步：**选一块较大的空旷场地。在指定的起点处，用胶带贴上"家"的标记。（图2）从起点往前走50步（脚跟连脚尖地走），把"市中心"标记贴在大家都能看到的地方。再往前走50步，把"城市的另一端"标记贴在显眼处。"城市的另一端"标记要距离起点100步。不要告诉任何人标记之间的距离！

**第4步：**给每个人发1张卡片。让他们上网查询他们想驾驶的汽车，每个人都在卡片上写下汽车的名字、型号、年份、百公里油耗、所需燃料的种类以及它所能容纳的乘客数量。（图3）然后记录行驶里程。

## 实验 26

### 饼干能量

## 科学揭秘

　　车辆有各种不同的功能，主要取决于它们运送的东西是什么以及它们是如何制造的。但不同的车子必须涉及到的共同问题是：它们要用多少能量，或它们需要消耗多少燃料。如今，汽车和卡车在效率上有了很大的提高，每消耗1升燃料，能够行驶更多的公里数。卡车和运动型多用途车（SUV）一般会消耗更多的燃料，因为它们通常更大，并且会使用耐用部件来承载额外的重量。

　　小轿车和小型车消耗的燃料较少，因为它们更小更轻。跑车和豪华轿车，可能会使用轻质或高科技材料制成，但它们的发动机通常是高性能的。这意味着他们往往跑得很快，需要大量的能量，并且车上通常会有大量附加配件，这些都会更快地消耗更多燃料。在选择要购买的车子时，你可能需要权衡外观、成本、功能和百公里油耗。如果经常出游，你则会为行车里程付出更多的代价。

　　也许有人会选择混合动力或纯电动汽车，这些车不使用传统燃料，没有油箱。但是每行驶一定公里数后，必须重新充电。因此，购买这些汽车时，注意电池的容量是十分重要的。

图3：给每个人发一张卡片，写下选择的汽车名字、型号、年份、百公里油耗、所需燃料的种类以及它所能容纳的乘客数量。

**第5步：** 让所有参与者拿着卡片和一袋饼干从"家"标记处出发。（图4）确保大家都先别吃饼干！后面每个人都有机会吃的！

**第6步：** 每个人都要"驾驶"自己选的汽车从"家"出发去"市中心"，然后返回，但只有5升[①]燃料。袋子里的每块饼干都代表1升燃料，每走1步（脚跟连脚尖）都等于行驶了1公里。每个参与者在游戏时先吃1块饼干，然后走与所选汽车"百公里油耗"相应的步数，再吃下1块饼干。例如：如果你的车子"百公里油耗"是5升，就吃1块饼干然后走20步（100

---

① 原文中，1块饼干代表1加仑燃料；1步代表1英里（编者注）。

图5：在每个人吃了5块饼干以后，看看四周，还有车子没到"市中心"吗？

公里÷5升=20公里，1步代表1公里）。你还有燃料吗？为接下来的旅途留着吧！

**第7步：** 在每个人都吃了5块饼干以后（用了5升燃料），看看四周，还有车子没到"市中心"吗？（图5）成功到达和没有到达的汽车有相似性吗？有没有汽车甚至都用不了5块饼干就到达了"市中心"？

**第8步：** 让每个人都从"家"重新出发。这一次，要从"家"到"城市的另一端"，然后再返回"家"。你能用剩下的饼干办到吗？对于那些知道自己做不到的人，可以拼车吗？结成小组拼车，分享你们的饼干，但是要注意——不能超过最高乘客人数。你一定不想被开罚单！

# 电磁铁

**实验时间**

30分钟

**人员准备**

　　这个实验很简单！单人就可以完成。

**安全注意事项**

　　小心！电池组可能会变热！如果感到电线或电池开始变热，一定要将它们分离，待冷却后再继续进行实验！实验结束后，也要确保电线与电池是分离的！如果电线两端不裸露，可以请求成年人帮忙，用剥线钳剥去电线两端的绝缘层，大约1.2–2.5厘米。

图5：将铁钉放在回形针上方，向上提。

　　如果没有电，你会感到困扰吗？也许。试着想想你日常所做的事情，有多少是需要控制开关或给设备接通电源才能完成的。如果没有磁铁、金属和运动的话，电是无法形成的。事实上，电和磁是密切相关的。在这个实验里,你将看到它们是如何相关,并且做出一些很酷的事情！

## 实验材料

➪ 电线（91厘米长，剥掉末端的绝缘层）

➪ 指南针

➪ 大铁钉

➪ 9伏电池

➪ 金属回形针（无绝缘层）

## 实验步骤

**第1步：** 把电线放在指南针上方。（图1）指南针转了吗？

**第2步：** 将电线在大铁钉上绕10圈，就像弹簧一样。尽量不要让线圈相互交叉或接触。（图2）

**第3步：** 把电线两个末端的金属丝绕个圈，绑在9伏电池的正负极。（图3）

**第4步：** 把指南针放在用电线包裹的铁钉旁边。（图4）指南针转了吗？它往哪个方向转动？

**第5步：** 把一些回形针放在桌上，用铁钉去碰回形针并向上提，你看到了什么？（图5）

图1：把电线放在指南针上方。

图2：将电线在大铁钉上绕10圈。

图3：把电线的两端分别绑在9伏电池上。

图4：把指南针放在用电线包裹的铁钉旁边。

第6步：断开电线与电池。

第7步：将铁钉放在指南针上方，现在指南针还转吗？转的方向相同吗？再用不带铁钉的线圈试试。

第8步：用铁钉去碰回形针，向上提。回形针被吸起来了吗？再用不带铁钉的线圈试一试。

## 试一试！

怎样吸起更多的回形针？改变实验中的哪些因素，可以做出一个更强的电磁铁？

## 科学揭秘

指南针是用磁针做的，它能告诉你正朝着哪个方向前进，因为它的磁场受到了地球磁场的影响。磁场是由微小的电子的旋转运动产生的！

当电池与用电器通过电线连接成闭合回路时，电池就能够释放电力。电子从电池中流出，是由于电池中的化学物质和金属发生了反应。当电流通过电线时，电流周围形成磁场，这个磁场使钉子里的电子以同样的方式旋转，钉子就被磁化了！这就是被电线包裹的钉子能够吸起回形针并移动指南针的原因。

去掉线圈的铁钉可能依然能吸起回形针，是因为它被永久磁化了！

# 发电机

**实验时间**

1小时

**人员准备**

这个实验需要大家一起做!

**安全注意事项**

在用剪刀剪瓦楞纸板和用长铁钉戳孔时要小心。这个模型会产生少许电压,但不会有触电的危险。

电与磁可以相互转换。有一种非常重要的装置就是利用了电与磁的这种关系——发电机。让我们制作一台发电机,看看磁铁、运动和电线是如何发电的!

图9:转动长铁钉。

图1：按照规定的尺寸在瓦楞纸上作标记。

图2：用剪刀和直尺，小心地沿线在纸上划出凹痕，使瓦楞纸板易于折叠。

图3：在盒子上沿顺时针方向缠绕漆包线。

##  实验材料

⇨ 1张瓦楞纸板（30厘米×8厘米）

⇨ 直尺

⇨ 记号笔

⇨ 剪刀

⇨ 大头针

⇨ 长铁钉

⇨ 2块条形磁铁

⇨ 1卷30号漆包线（也称OK线、电路板飞线）

⇨ 砂纸

⇨ LED灯泡

⇨ 胶带

⇨ 胶水（或热熔胶枪）

## 实验步骤

**第1步：** 按照下面规定的具体尺寸剪下瓦楞纸板。用尺测量，用记号笔做标记：从瓦楞纸板的最左边开始，隔5.4厘米在纸上作一个标记，再往右4.4厘米处作一个标记，再往右5.4厘米处作一个标记，往右4.7厘米处作一个标记，再往右5.4厘米处作一个标记。在瓦楞纸板的底边也用同样的方式作上标记，并从上到下画出线条，使之成为矩形。（图1）

**范例：**

| ←5.4厘米→ | ←4.4厘米→ | ←5.4厘米→ | ←4.7厘米→ | ←5.4厘米→ | |
|---|---|---|---|---|---|
| 1 | 2 | 3 | 4 | 5 | 多余的部分 |
| ←5.4厘米→ | ←4.4厘米→ | ←5.4厘米→ | ←4.7厘米→ | ←5.4厘米→ | |

**第2步：** 剪下多余的部分，但不要丢弃，以后会用到的。将画好的区块编号为1–5。

**第3步：** 分别在第2和第4区块的左边往右2.2厘米处，和底边往上4厘米处，标记2个点，这两个点是铁钉插入的地方。用大头针在这两个点上戳出小孔，然后用长铁钉穿过它们，扩大这两个孔，确保它们要比钉子稍大一些，让纸板可以在铁钉上转动。

图4：用胶带固定电线。

图5：将磁铁和瓦楞纸板用胶带固定。

**第4步：** 用剪刀和直尺，小心地沿着线在纸板上划出凹痕，使瓦楞纸板易于折叠。（图2）注意不要把纸板割断了。将瓦楞纸板折叠成一个盒子，第5块和第1块重叠。把条形磁铁的长度和盒子的内宽比较一下，看看磁铁能不能放进盒子里，如果不够宽，就略微撑大一些，用胶带把瓦楞纸板粘在一起。

**第5步：** 剪下6条胶带，每段长5~7.6厘米，备用。

**第6步：** 在漆包线的一端留一条20厘米长的尾巴，在距离铁钉孔下方2.5厘米处，沿顺时针方向在盒子上缠绕漆包线。（图3）用胶带把第一圈线固定在盒子上，在铁钉孔下方的区域再缠绕200圈。确保不要因缠得太紧而把盒子压瘪，但它们要紧密相连，且不断裂。用胶带把200圈线固定在铁钉孔的下方。

图6：将铁钉穿过瓦楞纸垫片。

图7：磨掉两条漆包线尾巴上的有色涂层。

图8：将电线紧绕在LED灯泡的两端。

**第7步：** 把电线系在铁钉孔的上方（不要切断电线），用胶带固定。继续沿顺时针方向在孔的上方缠绕200圈。同样的，电线要紧密相连，但不要盖住孔。把这些线也用胶带固定好。（图4）

**第8步：** 缠绕到最后一圈后，在铁钉孔的上方留一条20厘米长的线。现在盒子上有两条尾巴，分别是同一卷漆包线的两端，此时剪断电线。

**第9步：** 将两块磁铁纵向堆叠起来，让两个面相互吸引。（图5）在它们中间放一片2厘米长的瓦楞纸板作为垫片，确保长铁钉能够插入磁铁之间的瓦楞。用胶带把它们粘在一起，这样在旋转时能保持原样。

**第10步：** 将磁铁固定在盒内，将长铁钉分别从盒子一侧的孔插入，穿过磁铁之间的瓦楞纸垫片，再从盒子另一侧的孔穿出。（图6）旋转铁钉，确保磁铁能自由转动。

**第11步：** 用砂纸磨掉两条漆包线尾巴上的有色涂层，（图7）再紧绕着LED灯泡的两端。（图8）转动长铁钉。（图9）灯泡亮了吗？快速旋转或减慢转速时，会发生什么？

## 科学揭秘

　　金属是一类电荷可以自由移动的元素。每当金属线圈接近磁场时，电荷（或电子）就会开始运动。而你制作的这款发电机中的磁铁，在线圈内转动时，线圈中的电荷也会同样运动。运动的电荷就是电！

　　当电线被连接到一个用电器，比如灯泡，形成闭合回路时，电子就会持续流动到灯泡，让它发光，然后流出，再流回，不断循环。如果磁铁停止运动，电子就会在电线中停止流动，灯泡就会熄灭。

　　信不信由你，大型电力设施，如水坝、风力涡轮机和煤电厂的发电机，它们的工作方式和你做的这台发电机大致相同。当然，它们的发电机要大得多，有更大的线圈和更大更强的磁铁。一旦它们互相靠近，开始运动，就会制造出电！

# 点亮灯泡

**实验时间**

5~20分钟

**人员准备**

这个实验很简单！单人就可以完成。

**安全注意事项**

用铝箔条连接电池两端时要小心，铝箔条会变得很热。

 ## 实验材料

⇒ 铝箔

⇒ 剪刀

⇒ 胶带

⇒ D型干电池（1号电池）

⇒ 微型白炽灯（或LED手电筒灯泡，0.5~3伏/0.2安）

我们用能源来发电，然后，用电给我们每天使用的许多东西提供能量。大部分电来自于发电机或电池。发电机靠磁铁在线圈附近的运动，来产生流动的电荷；电池则通过让一种酸和两种不同的金属进行化学反应，来使电荷流动。

电只能在闭合电路中形成，电子必须在一条完整的路径中才能持续流动——从发电机或电池出发，通过电线流到用电器，然后回到发电机或电池。如果电路断开或损坏，电子就无法流动。打开电灯需要扳动电灯开关，让电子流入灯泡的通路闭合，灯泡才会发亮，就是这个原因。

那么，我们可以用电池替换灯泡吗？这样的话，电路会变成什么样子呢？

图2：做一个闭合电路。

## 实验步骤

**第1步：** 把铝箔剪成至少10厘米长的条带，宽度可以不同。（图1）

**第2步：** 选择一条铝箔条带，将条带的一端用胶带固定在电池的一极，铝箔条的另一端固定在电池的另一极，连成闭合电路。（图2）摸一下铝箔条的各处，有什么感觉？

**第3步：** 去掉胶带，断开电路。

图1：把铝箔切成长条。

图3：实验不同宽度的铝箔条。

图4：试着连接一个完整的闭合回路。

## 小贴士

记住：电需要在一条通入每一个用电器然后再返回到能量源的通路中流动。电流会通过铝箔条，进入灯泡，离开灯泡，然后回到电池。

**第4步：**实验不同宽度和长度的铝箔条，注意观察它们的相同点和不同点。（图3）每次观察后断开电路。

**第5步：**任意选择一段铝箔条带，试着将它和电池、灯泡连接，连成一个完整的闭合环路。（图4）你能办到的！查看"小贴士"，开始动手做吧！

**第6步：**尝试几种不同的电路排列方式，改变铝箔条的大小和形状。哪种布局下的灯泡最亮？

## 科学揭秘

电子只能在闭合的电路中流动。你可能遇到过这样的情况：当电池没有恰当地卡入设备时，设备是不能通电使用的。还有当你家的断路器跳闸或保险丝被熔断时，家里会停电，也是同样的原理。这些装置允许电流通过，但当电流过大时，它们就会跳闸、熔断，导致闭合电路断开。这是为了安全而设置的！

在这个实验中，你需要用铝箔条连接电池和灯泡，让电通过铝箔条流入灯泡再流回电池。如果你不让电子从灯泡流回电池，那电路就不是闭合的，灯泡就无法发亮！

# 实验 30

# 燃烧食物

**实验时间**

45分钟

**人员准备**

这个实验需要大家一起做！最好有成年人参与。

**安全注意事项**

这个实验需要有成年人在一旁照看。你将要在易拉罐上戳洞，还要用到火，务必戴上防护眼镜，用隔热手套拿罐子。一定要非常小心！

**清洁注意事项**

这个实验不会把周围弄得太脏乱，但既然你要燃烧食物，最好在通风良好的地方或在室外进行操作。

生物需要能量，我们每天都会消耗大量的能量来运动和成长，即使我们不再长大，每天仍然会长出新的细胞！生命活动需要消耗化学能，化学能来自食物，食物中的能量大部分来自于阳光。我们的身体必须消化、分解食物，释放出食物中的化学能，这样，这些能量才能为我们所用。让我们燃烧点食物，看看会发生什么！

图8：让食物完全燃烧。

图1：小心地在易拉罐的侧面戳4个孔。

图2：将两根金属签交叉穿过易拉罐。

图3：将温度计插入易拉罐，记下温度。

## 实验材料

- ⇨ 开罐器
- ⇨ 干净的铝制易拉罐
- ⇨ 干净的大金属罐
- ⇨ 锋利的剪刀（或螺丝刀）
- ⇨ 2根金属签（烤肉串）
- ⇨ 水
- ⇨ 酒精温度计
- ⇨ 金属回形针
- ⇨ 软木塞
- ⇨ 薯片、奶酪卷（或类似的快餐食品）
- ⇨ 长柄打火机

## 实验步骤

**第1步**：用开罐器彻底去掉大金属罐的顶部和底部。

**第2步**：用剪刀（或螺丝刀）小心地在易拉罐的侧面戳4个小孔，每个小孔距离顶部1.3厘米。（图1）4个孔要间隔一致，两两相对。

## 科学揭秘

食物为我们提供能量。我们所吃的食物中含有单糖、蛋白质、脂肪和其他营养物质，它们能给我们提供卡路里。所有这些营养物质最初都产生于光合作用过程。我们的身体必须先分解它们，才能把它们作为能量来使用。而当我们在分解食物时，我们也会燃烧卡路里！

在这个实验中，你燃烧了食物，看到它们是如何释放出能量的。当食物燃烧时，化学能转换为热能，使水的温度升高。在我们的身体中，像这样的能量转换过程也在不断地发生，把我们摄入的食物中的化学能转化为热能、动能，甚至声能！有些食物含有的能量比较多，这取决于它们的体积或所含营养物质的种类。

在这个实验中，你制作了一个热量计，热量计是一种被营养学家用来测量食物中所含能量的装置，凭借温度的变化量来测量物体内部的能量，这也是卡路里量的测定方法！

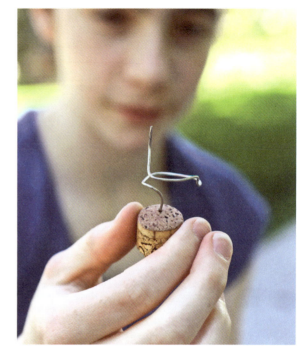

图4：将回形针瓣开，插入软木塞。

图5：把食物安放在回形针上，或用回形针叉住食物。

**第3步：**将一根金属签插入易拉罐上的一个小孔，从对面的小孔穿出。将另一根金属签插入相邻的一个小孔，然后再从对面的小孔穿出。（图2）这样，2根金属签就会在易拉罐的内部十字交叉。

**第4步：**把大金属罐放在地面上，里面放入易拉罐，让露在外面的金属签架在大金属罐上，这样，易拉罐底部和地面就有了一段距离，可以放软木塞。

**第5步：**往易拉罐里倒入约118毫升水，将温度计插入

图6：在你给食物点火时，让同伴拿着易拉罐在旁边待命。

图7：把易拉罐放进大金属罐。

易拉罐顶部的洞中，记下温度。（图3）

**第6步：** 把软木塞放在易拉罐下面，如果软木塞太长，可以剪短或平放。将回形针掰开，插入软木塞。（图4）把回形针的另一端，弯折成水平的框形，作为放食物的支架。

**第7步：** 把易拉罐从大金属罐中取出，放在一边。把软木塞放在大金属罐的中央，在回形针上放上一小块零食。调整回形针，防止食物移动，如有必要，可以用回形针叉住食物！（图5）

**第8步：** 在你给食物点火时，让同伴拿着易拉罐在旁边待命。（图6）一旦食物被点燃，立刻把易拉罐放进大金属罐，这样，装有水的易拉罐就被放在了燃烧的食物上面。（图7）等食物燃烧殆尽后，搅一下水，检查水的温度有什么变化。（图8）为什么会有变化？不同的食物会产生不同的结果吗？

## 试一试！

用一个简单的公式来计算食物的热量！热量＝水的体积（毫升）×温度的变化（℃）。用100毫升的水进行实验，乘以温度的变化所得出的数字就约等于燃烧的食物的卡路里量！试着把得出的结论和食物的营养标签进行比较，然后试试不同的食物。

# 节 约 能 源

能量驱动着我们的生命，这意味着我们需要依赖许多不同的能源来维系我们的生活。我们在使用能源的时候会做出很多决定但并不会对之有所深思。我们会在不使用笔记本电脑的时候，依旧让它开着并且插着电，也会在离开一个房间的时候把灯关掉。去不远的商店买东西时，我们会开车过去而不是步行，也会几个人一起拼车去看球赛。这些决定都影响着我们使用的能源总量，也会对经济和环境造成影响。

我们玩电子游戏时会为游戏机消耗掉的电能买单。目前，大部分的电力来源于不可再生能源，需要燃烧燃料，产生蒸汽，这个过程会排放废气，影响环境。

我们可以做很多事情来减少能源消耗，并更合理地使用它们。这些行为被称为减少能耗和提高能效。减少能耗是指减少能源的消耗，包括离开房间的时候关闭电灯，出行时搭乘公共交通而不是开私家车，回收和重复使用一些物品。提高能效是指消耗较少的能源完成等量的工作，包括用新型、更高效的灯泡替换老的灯泡，或者购买油耗量更低的节能型汽车。提高能源利用效率的技术可能看起来会很高级，有时候也会相应地比较昂贵。

提高能效也就是在减少能耗。如果你有一辆高档的油电混合动力汽车，但并不知道该如何使用它的节能功能，相应地，你的车在能源使用效率上就发挥不出它应有的优势。通过思考我们如何使用能源，测量和观察我们的行为，并做出改变，就能够在个人的能源使用上做出改进，更好地保护环境。

这个单元的实验，将观察并测量你在日常生活中使用能源的各个途径，找到减少能源消耗和保护环境的方法。

在实验39中，观察二氧化碳过多的话会发生什么

# 减少能量流失的保温材料

**实验时间**

30分钟

**人员准备**

这个实验很简单！单人就可以完成。

**安全注意事项**

在这个实验中，你会用到热水。水不需要煮沸，但需要足够热。在加热水和把热水注入易拉罐的过程中，需要注意安全。如有需要，请寻求一位成年人的帮助。

让我们的房间保持在一个舒适的温度，通常是家里最大的能源消耗。

## 📎 实验材料

⇨ 5个干净的空易拉罐
⇨ 气泡膜
⇨ 棉花
⇨ 涤纶
⇨ 包装海绵
⇨ 胶带
⇨ 橡皮筋
⇨ 热水
⇨ 平底锅（或水壶）
⇨ 量杯
⇨ 5个棉球
⇨ 厨房用电子温度计（1个就够了，5个则更好）
⇨ 秒表
⇨ 笔记本和铅笔

图3：记录实验开始时易拉罐内的水温。

## 实验步骤

**第1步**：选择4个易拉罐，分别包上气泡膜、棉花、涤纶纤维棉絮、包装海绵，用胶带固定好。（图1）第5个易拉罐作为对照组。

**第2步**：用量杯向易拉罐的开口处注入热水。（图2）迅速在罐口塞上棉球，防止热气泄漏。

**第3步**：用温度计测量每个易拉罐中的热水温度，迅速塞回棉球。记录每个易拉罐的初始水温。（图3）你认为哪一个易拉罐能够最长时间地保持高温呢？

图1：把易拉罐包起来以达到保温的效果。

图2：用量杯给5个易拉罐倒满热水。

图4：每隔2分钟记录一次水温。

**第4步：** 将秒表设定为2分钟。在接下来的20分钟内，每隔2分钟记录一次易拉罐内的水温。（图4）哪个易拉罐能够最长时间地保持温度？哪个是最佳的保温装置，哪个是最差的保温装置？你也可以询问家人，你们家是否使用了保温材料，它们被用在了哪里？

**第5步：** 在2分钟的等待时间内，你可以测量家中每个房间的温度。这需要使用另外一种温度计吗？这样来操作会在2分钟之后得到准确的读数吗？有没有哪个房间比其他的房间更热或更冷一些？引起房间之间温度差异的原因有哪些？

## 恒温器的温度设置

住在一起的一家人常常会就房间的温度设置有不同意见，为什么不让电费单来做决定呢？调节或预设恒温器是节约每月支出的一个非常简单的方法。白天家里没人时，可以在寒冷季节把温度略微调低，天气暖和的时候把温度略微调高，这样你家的供暖或制冷设备就不用一直工作和消耗能源了。你可以在回家以后，再调回适宜的温度，也可以把温控系统预设成你回家的时候自动开启。这样每天即使只调节2–3℃，你家的电费账单也将会有10%的差别！

## 科学揭秘

保温材料通过阻止热量传递，让我们的房间保持舒适的温度。保温的原理是减缓热传导和热对流。空气总是从温度高的地方流向温度低的地方。所以在冬天，热空气总会流向冷空气直到没有温差为止。热空气会穿过墙、窗户、门，甚至房顶，空气的热对流还会发生在不同温度的房间之间。取暖器必须弥补所有流失的热空气，保温材料则像毯子一样把你的家包裹起来，以此来保留住热空气。

保温材料在气温高的时候也有类似的功能——把冷空气保留在屋内。不同材料的保温性能不尽相同，就像这个实验所展示的，我们通过这样的方法来测量材料的保温性能，用热阻值R值来衡量保温性能的大小，R值越高，保温效果越好。

# 侦查空气泄漏

图4：在家中玩侦查气流的游戏。

家里的空气会自己泄漏出去，外界的新鲜空气也会扩散进来。当我们为了让房间保持舒适温度而花一大笔钱给房间加热或降温时，这将成为一个问题。空气到底是如何出入房间的呢？在这个实验中，你将用有趣且易于安装的工具，来检测有空气泄漏的地方。准备好进行侦查工作了吗？

## 实验步骤

**第1步：** 剪出一条宽5厘米、长7.5~10厘米的纸条。（图1）

**第2步：** 把纸条的一端粘在铅笔的末端，就像带手柄的横幅一样。（图2）

**第3步：** 握住铅笔，把纸条放到电风扇前方，观察纸条在气流中的运动。（图3）如果没有电风扇，可以用嘴吹出不同大小的气流，这样可以观察到纸条在不同大小的气流中的不同运动情况。

**第4步：** 带着你的铅笔，走到家里的各个地方检测家中的气流。（图4）把铅笔放在窗户的接缝处（下边、上边和侧边）、门缝处（下边、上边和侧边），还有电源插座附近。（图5）有没有找到任何可以感觉到或看到有空气流动的地方呢？

**实验时间**

15~20分钟

**人员准备**

这个实验很简单！单人就可以完成。

## 实验材料

⇨ 皱纹纸（或厕纸）
⇨ 剪刀
⇨ 直尺
⇨ 铅笔（或小圆棍、螺丝刀）
⇨ 胶带
⇨ 电风扇

图1：剪出一条宽5厘米、长7.5-10厘米的纸条。

图2：把纸条的一端粘在铅笔的末端。

图3：把纸条放到风扇前方。

图5：把纸条放在窗户和门的接缝处。

## 酷酷的职业——注册能源管理师（CEM）[①]

注册能源管理师是居民楼或商业办公楼的能源侦探，他们帮助客户在房屋的各个地方找到浪费能源的区域。他们受过专门的训练，知道如何寻找热量，精通空气和湿度怎样在家中传递，还懂得量化电子装置的能耗值。他们会通过比较电费账单、用特殊仪器检查房屋和精确测量来寻找线索。他们能帮助业主或公司省掉能源消耗的一大笔钱。

---

[①] Certified Energy Manager(CEM)是由美国能源工程师协会创立的能源管理培训与认证课程。我国也有不同部门、行业开展的相关培训和资格认证，这类岗位被称为"能源管理师"或"能源审计师"（编者注）。

## 科学揭秘

即使你家做了保温处理，空气也能泄漏和进出，一些没有覆盖到保温材料的地方是主要的空气泄漏点。电源插座和开关都是常见的泄漏点，主要是因为这些区域的保温层必须有缺口，以便让电器元件穿过，类似的现象也存在于天花板上安装电灯的区域。鉴于安装工艺，或随着房屋的老化，门窗区域一般也不能完全封闭，会发生漏风。

对于这些空气泄漏，我们能做些什么呢？

考虑到预算，也许无法购买新的门窗，推荐一个比较快捷便宜的修复方法：在一些漏风的地方用胶带密封，或安装密封垫和泡沫条，也可以在开关和电源插座处装上泡沫密封垫！

# 实验
## 33

# 发光吧，灯泡

**实验时间**

30分钟–1小时

**人员准备**

这个实验很简单！也可以和同伴一起做！

**安全注意事项**

当你取下或装上灯泡的时候，需要有成年人在一边照看。请特别地小心，因为灯泡有时会非常烫。而且，灯泡是玻璃制成的，破碎会造成危险。节能灯泡里含有水银，如果灯泡破碎，里面的水银对皮肤和呼吸系统会造成很大的伤害。

图1：在家中寻找灯泡。

灯泡的耗电量高达家庭用电的15%。小小的灯泡是帮助你晚上高效率工作的重要工具。家用灯泡种类繁多，它们有哪些相似处和不同之处呢？某些类型的灯泡是否比其他灯泡更节能？这个实验会比较4款最基本的灯泡：白炽灯泡、卤素灯泡、节能灯泡（CFL）和发光二极管灯泡（LED）。

| | 白炽灯泡 | 卤素灯泡 | 节能灯泡 (CFL) | 发光二极管灯泡 (LED) |
|---|---|---|---|---|
| 亮度 | 850流明 | 850流明 | 850流明 | 850流明 |
| 使用寿命 | 1,000 小时 | 3,000 小时 | 10,000 小时 | 25,000 小时 |
| 能耗 | 60 瓦 | 643 瓦 | 13 瓦 | 12 瓦 |
| 单价（仅为假设） | 0.50元 | 3.00元 | 3.00元 | 8.00元 |

假设所有灯泡都发出
850流明的光

| | 灯泡的费用 | 白炽灯泡 | 卤素灯泡 | 节能灯泡（CFL） | 发光二极管灯泡（LED） |
|---|---|---|---|---|---|
| | 灯泡的使用寿命（能亮多久） | 1,000 小时 | 3,000 小时 | 10,000 小时 | 25,000 小时 |
| | 照明25,000小时所需的灯泡数量 | | | | |
| × | 灯泡的单价 | 0.50元 | 3.00元 | 3.00元 | 8.00元 |
| = | 照明25,000小时灯泡的总费用 | | | | |
| | 电费支出 | 白炽灯泡 | 卤素灯泡 | 节能灯泡（CFL） | 发光二极管灯泡（LED） |
| | 总时长 | 25,000 小时 | 25,000 小时 | 25,000 小时 | 25,000 小时 |
| × | 瓦特 | 60瓦 = 0.06千瓦 | 43瓦 = 0.043千瓦 | 13瓦 = 0.013千瓦 | 12瓦 = 0.012千瓦 |
| = | 总能耗 | | | | |
| × | 每千瓦时的电费 | 0.10元 | 0.10元 | 0.10元 | 0.10元 |
| = | 总电费 | | | | |
| | 全寿命周期成本 | 白炽灯泡 | 卤素灯泡 | 节能灯泡（CFL） | 发光二极管灯泡（LED） |
| | 灯泡的总费用 | | | | |
| = | 总电费 | | | | |
| = | 全寿命周期成本 | | | | |

 ## 实验材料

⇨ 4种灯泡和台灯
⇨ 温度计
⇨ 计算器

## 实验步骤

**第1步**：把你家内内外外检查一遍。（图1）记录下你能找到的所有灯泡并计数。

**第2步**：根据灯泡的照片，在成年人的帮助下，仔细观察，把家里的灯泡归入以下4类：白炽灯泡、卤素灯泡、节能灯泡（CFL）和发光二极管灯泡（LED）。（图2）哪种灯泡在你的家里用得最多？是否有特定的原因会把一些类型的灯泡安装在特定区域？

## 实验
## 33

### 发光吧，灯泡

图2：把找到的所有灯泡进行归类。

图3：将温度计放在距离点亮的灯泡几厘米处进行测量。

### 你知道吗？

白炽灯泡产生的热量大于发出的光能。传统白炽灯泡会产生90%的热能，而只有10%的电能被转换为光能。

### 实验步骤

**第3步**：点亮灯泡，把温度计靠近灯泡。（图3）每个灯泡都会引起温度计读数发生变化吗？每种灯泡引起周围温度的变化量都一样吗？实验结束后不要忘记关灯。

**第4步**：为什么建议换用高效型的灯泡呢？做个计算吧！一个LED灯泡可以持续照明25,000小时。购买灯泡的费用是8.00元，同时也需要为灯泡通电25,000小时支付电费。电费和灯泡的总支出称为全寿命周期成本。请完成第109页上的计算表格，比较每种灯泡的全寿命周期成本。总的来说，哪种灯泡更好呢？如果CFL或LED灯泡的价格提高5元，成本会有怎样的变化？如果它们的价格降低，成本又会有怎样的变化呢？

**第5步**：如果把一间房间内的所有灯泡都换成节能型灯泡，将节省多少开支呢？如果把全家所有的灯泡都换成节能型灯泡，又将节省多少开支呢？

图4：导体、绝缘体和半导体。

# 导体、绝缘体和半导体

导体是能够传导电流和热能的材料。许多金属都是良好的导体，当金属接触到热的东西时，也会变热。

绝缘体是阻隔电流和热量传导的材料。橡胶被用来做厨房餐具的把手以及电线的外皮，是因为橡胶是很好的绝缘体，不容易变热。

半导体是一类特殊的材料，它既不是良好的导体也不是良好的绝缘体。但是，半导体对我们的用处很大，因为可以用它控制电流在电路中行进的方向。和导体相比，半导体可以让一个电路变得更小和更高效。硅是常见的半导材料，被用于许多电子设备和LED灯泡中。

## 科学揭秘

白炽灯泡通过把电流输入灯泡里的灯丝来发光，灯丝通电之后变得非常热，当电流流过时，灯丝会发出耀眼的光。发光的灯丝可以照亮一整间屋子，但它也会变得非常热。许多这种类型的灯泡已经应政府要求下架了，但仍有一些家庭和企业在使用它们。

卤素灯泡的工作原理和白炽灯泡相似。卤素灯泡的灯丝离一个装有卤素气体的胶囊很近。这种气体能够延长灯丝的寿命，并且可以让灯丝在减少热能释放的状态下保持更高的温度。这种灯泡常常被称为节能型的白炽灯泡，它们和传统的白炽灯泡外形相似。

节能灯泡（CFL）在提供同等亮度的情况下，很大程度上减少了热量的损耗从而节约电能。节能灯泡通过向灯泡内通电来发光，灯泡内充满了气体和少量的水银，灯泡内壁覆盖着磷，水银能够导电并释放出紫外线，当紫外线遇到灯泡内壁的磷时就会发光。

发光二极管灯泡（LED）能够提供类似的光亮，但它们比节能灯泡的耗能更低。LED灯泡由半导体这种特殊材料制成，已经在安全通道灯和遥控板中应用了很多年了，现在LED灯泡被用于家庭照明，甚至被用在了体育馆的大屏幕上。

实验
34

# 太阳能热水器

家庭和企业的另一大项开支是热水。总有人花很长时间洗热水澡，虽然减少热水的用量是很好控制的，但如果你想提高使用效率，安装太阳能热水器是个好办法。在这个实验中，你将探索太阳能热水器是如何加热水的。准备好在等待的时候让身体合成维生素 D 吧，这个实验必须在晴天完成！

图2：记录2个罐内的水温。

**实验时间**

30分钟

**人员准备**

这个实验很简单！单人就可以完成。

## 实验材料

⇨ 2个空的铁罐
⇨ 黑色颜料
⇨ 画笔
⇨ 水（室温）
⇨ 量杯
⇨ 2个电子温度计
⇨ 笔记本和铅笔
⇨ 保鲜膜
⇨ 橡皮筋
⇨ 秒表

## 实验步骤

**第1步**：撕去铁罐上的标签纸，把一个铁罐涂成黑色并晾干，另一个铁罐保持金属色。

**第2步**：2个罐子内都装入 $\frac{2}{3}$ 杯水（约158毫升），让罐子呈半满的状态，并确保2个罐内的水一样多。（图1）

**第3步**：测量2个铁罐内的水温。（图2）

**第4步**：用保鲜膜包住2个铁罐口，用橡皮筋扎好。（图3）

**第5步**：把2个铁罐拿到室外阳光下，每隔15分钟记录一次水温。（图4）你可以用电子温度计穿破塑料薄膜，伸到水里测量。哪个罐子里面的温度升高得更快呢？

图1：向2个铁罐内分别倒入等量的水。

图3：用保鲜膜包住2个铁罐口。

图4：每隔15分钟记录一次水温。

# 科学揭秘

辐射能（阳光）能够加热物质。我们把能将太阳能转换成为热能的装置都称作太阳能采集器，阳光下的密闭汽车、太阳能灶和温室都是太阳能采集器。

太阳能热水器也是一种太阳能采集器。在这个实验中，你制作了2个太阳能采集器——一个是闪亮的，一个是黑色的。你可能已经观测到，在阳光下，2个容器内的水温都有所上升，但黑色罐子内的水温上升得更快，因为黑色表面能够从阳光里吸收更多的辐射能。

太阳能热水器常安装在光照充足的屋顶上，它的一些部件的表面通常都是黑色的，以确保水可以有效地被太阳能加热。新型的太阳能热水器还会有一个小水箱和一系列水管让水流过，这些水管也漆成了黑色，或被安装在自带反射装置的、黑色的吸热平面上。

铁罐中的水温可以用来洗澡吗？也许15分钟时间还不够。那这个装置如何帮你节约能源呢？地下水管里流出的自来水通常比洗澡用水的温度低，通过把水泵入太阳能收集器，水被太阳能加热，这样的水温就接近预期了。这时，另一个加热器可以继续加热水，但由于水已经被太阳能加热过一次了，需要的能量就大为减少！许多使用太阳能热水器的家庭也同时安装了普通热水器，用来储存从太阳能热水器流出的水，或在阴天也能有热水，相比没有安装太阳能热水器的家庭，同时安装2种热水器的家庭所需要的普通热水器的功率会小很多。

# 实验 35

## "瓦特" 究竟是什么

**实验时间**

30分钟（或取决于你想做多久）

**人员准备**

这个实验需要大家一起做！和朋友一起做数学计算会更有趣，在搬动设备和寻找信息时，也需要朋友的帮助。确保被你拔掉的插头或搬走的设备不是别人正在使用的。

**安全注意事项**

拔掉设备的电源插头时，要拉插头本身，不要拉电线。

电子设备会消耗大量能量。你能数出家里现在有多少台插电的设备吗？这可能非常困难，因为我们身边太多电器、机器和个人设备都是插电的。这些设备消耗的能量用"瓦特"（W）这个单位来计数。我们可以使用一些仪器和数学公式，测量并计算出每台设备会消耗掉多少能量。拿出你的计算器，在这个实验中，你将学会在电子设备上找信息，再计算出你家中电子设备消耗的能量，还可以计算出你每年为它们花掉多少钱！

图1：找出你家中5台设备上的铭牌。

## 科学揭秘

你感到震惊吗？也许说震惊不太合适，但了解我们要为自己喜欢的电子设备花费多少钱，倒是一件有趣的事情。使用一些设备可能一年只需几元，然而，当你把家里所有设备加起来后，总花费会变得非常多。每年为一台电视机所耗费的电量支付的花费可能并不多，但许多人同时有好几台电视机，把所有这些设备加在一起，要支付的花费可能就非常多。越是大型的设备消耗的能源越多，并且有可能每时每刻都在消耗能源！每户家庭平均每月消耗约900度电！

## 实验材料

⇒ 可插拔的电器和电子设备（方便移动的物品都是不错的选择）
⇒ 相机（或有拍照功能的手机）
⇒ 电费账单（可选）
⇒ 笔记本和铅笔
⇒ 计算器、秒表

## 实验步骤

### 第1部分

**第1步**：你家中每一台电器上都有一块铭牌，上面包含安培（A）、伏特（V）、瓦特（W）等信息（如上图所示），常常被贴在或印在设备的底部或背面，你需要仔细寻找。找出你家中5台设备的铭牌。（图1）如有必要，请小心地拔掉插头。比较简单的选择包括：电视、游戏机、笔记本电脑（或笔记本充电器）、吹风机、烤面包机、吸尘器和闹钟。

**第2步**：给每台设备的铭牌（或印在设备上凡是包含安培、伏特或瓦特等信息的内容）拍照。（图2）有时，像真空吸尘器和吹风机等设备，会将它们的功率和额定电流用粗黑体字标出，因为它们对设备的功能十分重要。

**第3步**：制作一张如第116页所示的表格，记录你在每个铭牌上看到的任何信息。

**注**：铭牌会标出最大额定值，然而并非所有设备在任何时候都会达到最大值，许多设备会有一个循环的过程，在某些时候消耗少量能量，而在其他时间消耗大量能量。一种特殊仪器——电量使用监视器，可以帮助我们了解何时、有多少设备在使用。

| 电器或设备 | 电流 (A) | 电压 (V) | 瓦数 (W) | 千瓦数 (kW) | 日使用量（小时） | 年使用量（小时） | 每度（千瓦时）单价 | 年总成本 |
|---|---|---|---|---|---|---|---|---|
|  |  |  |  |  |  |  |  |  |
|  |  |  |  |  |  |  |  |  |
|  |  |  |  |  |  |  |  |  |

## 第2部分

**第1步：** 为了确定每台设备的使用成本，我们需要计算出它们消耗的瓦数。如果铭牌上没有功率，可以用"功率＝电流×电压"这个公式计算出来，把功率值记录在表格中。

**第2步：** 我们每个月会用掉很多瓦的电，因此，在支付电费账单时，不是用"瓦时"来计的，而是用一个更大的计费单位——"千瓦时"。我们要算出我们用了多少度（千瓦时）电！首先，要把瓦转换成千瓦，1千瓦等于1000瓦，所以我们必须把瓦数除以1000。在表格的"千瓦"栏中写下这个数字。

**第3步：** 要知道某个设备的使用时长，我们可能需要做一些思考或调查，其中包括这台设备每天的插电、开机和使用的时间。如果你不确定，问问家人吧，再把数字记录在表格内。

**第4步：** 有些设备，如电视机或笔记本电脑，可能需要每天使用，类似这样的设备，把日使用小时数乘以365天，计算出年使用小时数。如果一台设备一年只使用几次，就把日使用小时数乘以它实际使用的天数，询问使用该设备的家人进行估计。把数字记录在表格正确的栏目内。

**第5步：** 电费是按度（千瓦时）来计价的，北美大部分地区的平均电价是每度12美分①，但你居住的地区单价可能更高或更低，从你家的电费单上找到每度电的单价。如果手头没有账单，就在"每度（千瓦时）单价"一栏中写上美国的全国平均单价0.12美元吧。

**第6步：** 现在我们来计算总成本。（图3）因为我们是按度（千瓦时）计费的，把千瓦数乘以年使用时间，再乘以每度（千瓦时）单价，得到的数字就是每个设备每年的使用总成本！

图2：给每台设备的铭牌拍照。

## 试一试！

早上起床后，记录一下你家电表上的数字，晚上回到家，再次查看：一天用掉了多少度电？列出这一天里开机用电的设备。你能关掉一些设备，减少清单里的项目吗？

———————

① 我国居民生活用电有不同阶梯档，各省份的电费标准也不同，以各地电费单为准（编者注）。

图3：计算总成本。

# 有趣的冰箱

图1：把插有温度计的水杯放进冰箱内的架子上。

冰箱一直都在运行。事实上，冰箱常常会消耗家里最多的电量，因为它每时每刻都在工作。冷藏让食物保持新鲜，让我们能安全地享用它们。这个实验将让你有机会了解冰箱，在确保冰箱高效运行的同时减少能量消耗。

**实验时间**

15分钟，加上第二天的5分钟

**人员准备**

这个实验很简单！单人就可以完成。

 **实验材料**

⇨ 2个酒精温度计
⇨ 水
⇨ 水杯
⇨ 1张纸钞

## 实验步骤

### 实验1

**第1步：** 很多冰箱并没有安装温度计，而是用旋钮来控温，请仔细观察冰箱上的温度设置系统。

**第2步：** 把一个水杯装满温水，放入温度计，再把杯子放置在冰箱中部的架子上。记录初始温度。（图1）

**第3步：** 把水杯和温度计放置在冰箱里24小时之后，再次测量和记录温度。

**第4步：** 记录冷冻箱的设置情况。把第二支温度计放在冷冻箱内两层中间。（图2）24小时之后再次测量并记录温度。

图2：把第二支温度计放在冷冻箱内两层中间。

图3：让纸钞的一半在冰箱内部，一半露在外面。

图4：抓紧纸钞边缘，轻轻拉出。

**第5步**：冰箱内的建议温度是1.6–3.3℃，你家冰箱内水的实际温度是多少呢？水温下降了多少呢？冰箱冷冻箱内的推荐温度为–17.7℃，根据测量结果，你需要把冰箱内的温度调高还是调低呢？如果温度调得过低，则意味着你将浪费能量和金钱。而如果温度不够低，食物的安全性则不能得到保证。

## 实验2

**第1步**：每当我们关上冰箱门的时候，由于冰箱门上有橡胶条，冰箱就密封了。把一张纸钞夹在冰箱门上，一半在冰箱内部，一半露在外面。（图3）

**第2步**：试着拉住纸钞的一头，轻轻地把它拉出来。（图4）注意不要拉得太快或用力太猛，这样会把纸钞撕坏。纸钞被拉出来了吗？容易拉动吗？你觉得这种操作对冰箱有何影响？

## 试一试！

关于冰箱，有一个常见的争论——塞满好还是留出一些空间更好呢？这个问题的答案取决于冰箱冷却剂的循环机制和冰箱门开关的频率。在冰箱塞满及有一些剩余空间的情况下重复实验1，哪种状态下水杯的温度更低呢？

## 科学揭秘

冰箱让我们的食品保持低温，它通过制冷剂的循环流动把冰箱内部的热量排到外部，来维持内部的低温环境。热能会从高温物体向低温物体转移，所以冰箱需要使用制冷剂，又由于热能总会流回已经冷却的区域，所以冰箱还需要持续运转，从而把热空气泵出去。

冰箱上的密封条能防止空气泄漏。随着时间的推移，密封条会逐渐老化。在实验2中，纸钞应该会很难拉，如果很容易拉出的话，温暖的空气则也会很容易进入冰箱。更换密封条是一个花很小的成本就可以提高冰箱工作效率的办法；另一个办法是尽量减少开关冰箱门的次数。开冰箱的次数越多，每次开门的时间越长，冰箱就会消耗更多能量来给食物降温。

# 持续监测一个月（或一周）

**实验时间**

连续一个月（或一周），每天15~20分钟

**人员准备**

这个实验很简单！单人就可以完成。当然，如果和家人一起完成将会更有趣。如有可能，可以召集1~4位家人一起做！

你观察过正在节食的人的生活吗？他们常常会记录下他们吃下去的每一餐。这看起来有点繁琐，但可以帮助人们轻松地找出没必要吃的食物，或者削减不必要的花销。当我们试着节约能源、提高能源利用效率的时候，我们也可以像节食者一样操作。这个持续时间较长的实验将让你和你的家人有机会观察并记录你们的能源消耗。你能想出几个可以削减开销的地方？

图1：查看家中电表，记录初始数据。

 **实验材料**

⇨ 笔记本和铅笔
⇨ 温度计
⇨ 照相机（或有拍照功能的手机）
⇨ 数据记录软件（选用）

## 实验步骤

**第1步：** 大家一起来决定要监测多长时间。选择开始及结束的时间和日期。

**第2步：** 查看家中电表，记录初始数据。（图1）（非电子读数型电表，如果指针在两个数值中间，可以四舍五入）。如果你家使用天然气作为能源之一，也可以记下天然气表的初始数据。可以请大人帮你找到电表，读取数据。

## 监测调查

A.我们用洗碗机吗? _____

  用了几次? _____

  每次都把碗放满了吗? _____

  每次的档位是多少? _____


B.洗衣机用了多少次? _____

  每次洗衣的温度设置为多少? _____

  每次漂洗的温度设置为多少? _____


C.泡了几次澡? _____


D.淋浴了几次? _____

  每次（平均）淋浴多长时间? _____


E.这个季节使用过制热或制冷设备吗? _____

  白天暖气的温度设置为多少? _____

  夜间暖气的温度设置为多少? _____

  使用空调时，会开窗吗? _____

  白天室外最高气温为多少? _____

  夜间室外最低气温为多少? _____

  近期天气如何? _____

  我们曾通过开窗或风扇来调节温度吗? _____

  白天是否使用百叶窗? _____


F.离开房间不关灯的次数有多少? _____

  有多少次在不使用的情况下，还开着电视、游戏机和电脑? _____

图2：白天暖气的温度设置为多少？

图3：夜间室外最低气温为多少？

**第3步：** 每天的监测时间，你们可以根据第121页上的问题来记录数据。也可以把这些问题和答案记录在家庭日志上，并把它放在家中合适的位置来追踪进展。（图2、图3）你们也可以在小组内讨论每日的观察记录。另一个高科技的方式是，可以在电脑上记录数据，进行一个简单的数据分析并分享表格。

**第4步：** 每周结束时，在记录中寻找一般规律，或者不寻常的地方。有没有哪几天能源消耗比别的日子高或低一些吗？这些日子发生了什么事件导致了这些差异呢？哪些方面可以全家共同改进呢？

**第5步：** 每周结束时，再次抄表，把这周的最终数据减去初始数据，计算出这一周的总能源消耗量。哪些情况在调查中没被计入？哪些项目可以监测得更仔细，从而在未来几周内减少用量呢？

## 智能仪表：支持手机APP！

电表让供电公司能够追踪每个家庭的用电情况，帮助预测每日发电量，以及确定给每家开多少钱的账单。

很多公用事业公司现在都用智能仪表取代旧式仪表。这些新式仪表能够让消费者在手机APP或网站上即时追踪家中的能源消耗，从而帮助他们节省开支；消费者可以和邻居中能源消耗量最少的用户做比较；公用事业公司还可以给高耗能用户发出预警，这样消费者可以关闭某些设备，从而达到省钱的目的。一些消费者甚至和公司达成协议，在耗能量很高时，公司可以远程关闭他们家中的一些设备。

我猜一些家长可以通过这个实验，知道孩子哪些时间没在做作业而是在玩电子游戏。

## 科学揭秘

一户典型的美国家庭的能源开销是每年2000美元（包括电、暖气、制冷等）。在你监测家庭用电开支的过程中，如果你发现，在家庭用电习惯方面有可以改进的地方，你会不会去做？如果你发现，改用一些更新、更高效的设备，就可以在能源使用上节省开支，你会不会花钱购买它们呢？

公用事业公司的账单能帮助你的家庭追踪能源消耗，账单上会列出该月、最近几个月和上一年度的能源用量。通过跟踪和分析这些数字，可以帮助你了解到每一次家庭节能行动，会对能源总消耗量有怎样的影响。

# 实验
# 38

# 追踪垃圾

**实验时间**

1天

**人员准备**

这个实验很简单！单人就可以完成。

**重要提示**

你要找一个大部分时间都待在家里的日子，来完成这个实验。

有一句名言是这么说的："一个人的垃圾是另一个人的宝藏。"垃圾怎么变成宝藏呢？对于每天产生的垃圾，我们可以有许多用途：回收，堆肥，掩埋，燃烧产生能源或者重复利用。有新用途的东西都是"宝藏"，因为它们可以产生能源、节约金钱、保护资源，从而守护我们的星球。一个人每天制造的垃圾足以影响环境吗？这个实验将让你知道，你每天会产生多少垃圾。

图3：把3种颜色的塑料片放入一个自封袋中。

图1：给每个垃圾袋作上标记。

图2：把一个自封袋标记为"今日垃圾"。

## 🖇 实验材料

⇨ 不掉色的记号笔

⇨ 3个垃圾袋

⇨ 2个塑料自封袋

⇨ 3色圆形塑料片（或类似物品，
　　如糖果或硬币）

⇨ 体重秤

## 实验步骤

**第1步：** 给3个垃圾袋分别标记为"废弃物""可回收"和"可堆肥"。
（图1）如果你家或社区里没有厨余垃圾堆肥处理的设施，可以跳过
第3个垃圾袋。

**第2步：** 用记号笔把一个自封袋标记为"今日垃圾"。（图2）把另一个自封
袋标记为"塑料片"，并放入3种颜色的塑料片。（图3）不同颜色
的塑料片表示不同种类的垃圾，比如：红色＝废弃物、绿色＝可回
收、蓝色＝可堆肥。如果你家不做厨余堆肥，可以跳过第三类。

**第3步：** 实验时需要一整天都带着这两个自封袋。每次你要扔垃圾（食物、
纸张、空的包装盒、其他垃圾等）时，想一下该如何分类——废弃
物、可回收，或可堆肥，把垃圾扔进相应的垃圾袋中。（图4）同
时，把相应颜色的塑料片放入"今日垃圾"自封袋中。（图5）如
果你不在家，记得带着塑料片，但不需要一直带着垃圾袋！这一天
里，都要持续这个垃圾分类过程。

图4：把垃圾扔进相应的垃圾袋中。

**第4步：** 在这一天结束时，称量每一个垃圾袋。哪一类垃圾最重？哪一类垃圾占据的体积最大？你在一天之内总共产生了多少垃圾呢？

**第5步：** 数一数"今日垃圾"塑料袋中的彩色塑料片。每种颜色塑料片的总数和每一类垃圾的重量相符吗？为什么？有没有一些垃圾比其他垃圾更容易分类？

**第6步：** 再次检查你放入"可回收"袋内的垃圾在你所在的社区是可以被回收的，把它们放进你家中的用于"可回收垃圾"的容器内。对于"废弃物"和"可堆肥"袋内的垃圾也做类似处理。

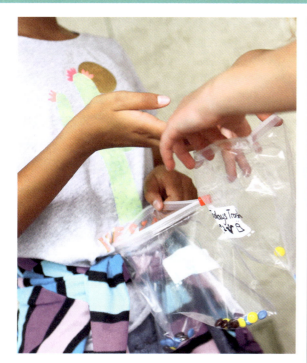

图5：把塑料片放入"今日垃圾"自封袋中。

## 关于塑料的思考

你有没有仔细观察过塑料瓶的底部？那里通常会有一个回收标志，里面有数字。这个数字代表什么意思呢？塑料可以被塑造成不同的形状、大小和性质，一般分为7种（包括泡沫塑料）。大部分塑料都能被回收，只有几种不能，厂家用数字1–7在三角形的回收标志内进行标记，方便消费者进行区分。当地的废品管理部门可以告诉社区居民，他们回收的是哪些数字的塑料，所以检查一下这些数字吧！

## 科学揭秘

每个人平均每天会产生1.5公斤左右的垃圾和可回收垃圾！其中超过50%都因为无法回收、没有被合理地分类或没有能源价值，而被送进了垃圾填埋场。

大约10%的垃圾会被送到发电厂进行焚烧发电，然而有些情况下，填埋的垃圾也被用来发电。在填埋场，垃圾分解腐败的过程中，会释放甲烷气体，这种气体蕴含能量，可以收集起来，就地燃烧发电。为了防止发生火灾和爆炸，填埋场富集的甲烷必须燃烧掉，所以为什么不用它来发电呢？

大约35%的垃圾是可回收或可用来堆肥的。但不是每一个城镇都有同样的回收设施和相关规定。对垃圾进行回收利用能够节省垃圾掩埋的空间，也能节约开支。鉴于制作材料、所含能量和回收成本，某些物质比其他物质更适合被回收。

玻璃很适宜被回收，因为它不能有效地燃烧产生能量，也不易被分解。铁罐和铝罐非常适合被回收，因为这些材料随着时间的推移不会发生变化，回收它们可以为生产新罐节约75–90%的能源！然而，回收塑料并不总是明智的，回收利用某些种类的塑料所消耗的能量和制造新塑料制品的一样多，在这种情况下，塑料垃圾通常会被送往垃圾焚烧厂烧掉。堆肥适用于园艺和厨余垃圾，这些垃圾腐烂后与土壤混合，是富有营养的农业种植基质。

# 二氧化碳的谜团

**实验时间**

30分钟，加上前一晚的2分钟（可选）

**人员准备**

这个实验很简单！单人就可以完成。

**安全注意事项**

使用高瓦数电灯泡时，要确保灯座可以使用该瓦数的灯泡。如有必要，可寻求成年人的帮助。

汽车或发电站在燃烧燃料时，会把二氧化碳释放到空气中。二氧化碳天然存在于我们的环境中，然而当二氧化碳浓度过高时，会发生什么呢？二氧化碳有哪些物理和化学性质呢？这个实验将模拟二氧化碳与光和热有着怎样的关系。

## 📎 实验材料

⇨ 高瓦数白炽灯泡（60瓦或更高，热灯或工作灯）
⇨ 台灯
⇨ 2瓶原装的苏打水（未开启）
⇨ 直尺
⇨ 大头针
⇨ 尖头剪刀
⇨ 2个厨房用温度计
⇨ 不掉色的记号笔

图1：打开1瓶苏打水，倒出三分之一。

## 实验步骤

**第1步**：确保你的灯泡和台灯相互兼容，同时，确保你使用的灯泡是白炽灯泡。

**第2步**：打开1瓶苏打水，倒出三分之一。（图1）重新盖上盖子并剧烈摇晃。（图2）小心地打开盖子放出气体，重复几次直到苏打水中溶解的气泡全部释放出来。再次盖好瓶盖。

**第3步**：把1根大头针插入瓶体，大约位于标签上方。用剪刀把小孔略微戳大一点。（图3）将电子温度计插入洞中。（图4）撕下瓶身标签，用记号笔写上"无气瓶"。

**第4步**：打开另一瓶苏打水，倒出三分之一，让两个瓶

图2：摇晃瓶子，然后让气泡消散。

图3：在瓶身上戳一个洞。

图4：将温度计插入瓶中。

图5：将无气瓶和含气瓶并排放置。

中的液体高度大致相等。这一瓶不要摇晃，把盖子重新盖好。撕下瓶身标签，用记号笔写上"含气瓶"。

**第5步：** 重复以上过程，在瓶身戳一个洞，并插入电子温度计。

**第6步：** 把台灯放在水瓶的正上方，两个水瓶并排放置，距离台灯大约15厘米。（图5）转动水瓶，让温度计的显示屏远离台灯，记录初始温度。

**第7步：** 把台灯打开，让两个瓶子接收同样多的光照。每2分钟记录一次温度，持续20分钟。你观测到什么现象？为什么两个瓶中的水温不同？

## 科学揭秘

二氧化碳（$CO_2$）是一种自然界中常见的气体。我们呼吸时会呼出二氧化碳，物质燃烧也会释放出二氧化碳。自然界中有些物质会储存碳和二氧化碳——包括大气、海洋、动物、植物甚至化石燃料。燃烧化石燃料会释放出二氧化碳，二氧化碳便会进入大气层。当大气中的二氧化碳含量过高时，就会变暖。为什么会这样呢？

二氧化碳是一种"温室气体"，它的分子作用就像温室的玻璃结构。它们允许光的辐射能进来，但当辐射能转化为热能以后，便不能出去了。我们把这种现象称为"温室效应"，这个过程可以让地球在夜间辐射能较少时，依旧保持温暖。

在这个实验中，瓶子就像一个温室，当暴露在阳光下时，瓶内温度会上升。"无气瓶"内几乎没有二氧化碳，而"含气瓶"中则含有充足的二氧化碳。你应该已经观察到了，"含气瓶"中由于有二氧化碳的存在，温度上升的速度比"无气瓶"快得多。

# 出　行

每当讨论到污染和减少二氧化碳排放问题时，我们都会考虑能源消耗的问题，并且希望通过我们的实际行动减少排入大气的二氧化碳量。那么，我们能做些什么呢？人类社会排放二氧化碳的一个重要途径，就是我们的每日交通。在这个实验中，我们将绘制一张路线图，计算从 A 点到达 B 点所产生的二氧化碳排放量。

图2：考虑出行的目的地。

**实验时间**

　　30分钟到1个小时

**人员准备**

　　这个实验很简单！单人就可以完成。你也可以找个实验伙伴一起做。和朋友一起玩数学、做想象旅行，会更有意思哦！

　**实验材料**

⇨　地图

⇨　网络

⇨　计算器

⇨　笔记本和铅笔

―――――――――

① 原文中使用MPG指标，即"公里/加仑"指标，中文版使用我国更通行的"百公里油耗"指标（编者注）。

## 实验步骤

**第1步**：如果你要出远门，你会选择开什么汽车，带着谁一起去呢？首先根据出行人数挑选一辆大小合适的汽车。（图1）在网络上检索，挑选一辆汽车，记下车子的年份、制造商、型号、百公里油耗①和燃油类型。你选择这辆车的原因是什么？

**第2步**：考虑出行的目的地。（图2）用地图软件计算出行程公里数，记录下来，并在地图上做标记。（图3）

**第3步**：列出路上你可能停留的地点和停留时长。（图4）

图1：根据出行人数挑选一辆大小合适的汽车。

图3：在地图上规划行程。

图4：列出路上你可能停留的地点和停留时长。

**第4步**：这一路上总共需要多少汽油呢？用两地间的公里数和你所选择的车辆的每百公里油耗，计算出你到达目的地所需要的汽油量。

**第5步**：这一路上需要多少油费呢？用你所需要的汽油总量乘以汽油的单价，估算出整个行程的汽油花费。

**第6步**：你的行程会给环境带来多少二氧化碳排放量呢？你可以用每升汽油燃烧产生的二氧化碳量，乘以汽油的总量，来算出整个行程的二氧化碳排放量。对于汽油车，每消耗1升汽油，会排放约2.35千克的二氧化碳；而柴油车，每消耗1升柴油，将排放约2.69千克的二氧化碳。[①]

---

① 原文数据来自美国环保署（EPA），中文版经过单位换算，将"磅/加仑"调整为"千克/升"（编者注）。

## 科学揭秘

从一个地方移动到另一个地方，会消耗能源。在一些国家，如美国，人员和物资的运输是能源消耗的一大支出。汽油和柴油从石油中提炼出来，经内燃机燃烧后，驱动汽车，燃烧时会释放二氧化碳和其他一些物质。每年，由这些汽车释放出的温室气体，占到总量的三分之一！在每一次出行时，我们通常不会考虑太多，但在计算二氧化碳排放量和污染的时候，每一升的汽油都会被一一计数。

下一次出行，你将做些什么，来减少二氧化碳和其他污染物的排放呢？采取一些措施，比如拼车、骑自行车、搭乘公共交通或者步行，都能够节约能源，减少二氧化碳排放，保护我们的环境。

# 专业词汇

半导体（Semiconductor）：在电子设备中用来控制能量消耗和热量产生的一种材料。

不可再生能源（Nonrenewable resources）：产生新能源的速度低于消耗速度的能源。

导体（Conductor）：能够传输热能或电流的材料。

灯丝（Filament）：能够传导电流，熔点很高的细丝，在有电流通过时会发光。

电流（Electricity）：电荷在电路中的流动。

电路（Circuit）：电荷流动的通道。

电子（Electrons）：原子中带负电荷的部分。

动能（Kinetic energy）：物体由于运动而具有的能量。

堆肥（Compost）：由生物的腐烂物组成的混合物，可用于给土壤施肥。

反射（Reflect）：光线、声波或热能从一种介质到达另一种介质的界面时返回原介质，没有被介质进行吸收。

放热反应（Exothermic）：释放热能的化学反应，反应时释放的能量大于打破化学键所需的能量。

分子（Molecule）：由若干原子按照一定的键合顺序和空间排列而结合在一起的整体。

辐射（Radiation）：光线、无线电波等电磁波的能量以波的形式进行传播。

辐射能（Radiation energy）：通过波的形式进行传播的能量，例如光、紫外线、无线电和微波具有的能量。

公用事业（Utility）公司：生产电力或开采天然气，并输送给消费者的公司。

惯性（Intertia）：物体具有的在没有外力作用的情况下，运动状态或静止状态保持不变的特性。

核裂变（Nuclear fission）：重的原子核（较大的原子核）分裂成多个轻核并释放

出大量能量的过程，释放的能量通常用于发电。

化合物（Compound）：由多于一种元素构成，靠化学键相互连接而成的物质。

化学反应（Chemical reaction）：当两种物质合并形成新的物质时，化学键会断开，重新形成新的化学键。

化学能（Chemical reaction）：储存在分子化学键里的能量，我们每天摄入的食物和消耗的能源中都有化学能。

减少能耗（Energy conservation）：通过改变行为或做出选择，达到减少能源消耗的目的。

绝缘体(Insulator)：不能传输热能或电能的材料。

可再生能源（Renewable resource）：消耗后能够迅速补充的能源。

矿石（Ore）：含有宝贵的矿物或资源的岩石。

量角器（Protractor）：测量角度大小

的工具。

**摩擦力（Friction）**：物体在表面上运动时，受到的和运动方向相反的作用力。

**黏性（Viscosity）**：物体具有的能够阻止液体流动或运动状态发生改变的特性。

**热能（Thermal energy）**：由粒子或物体相互摩擦产生的能量。

**生态系统（Ecosystem）**：生物群落和它们所处的环境。

**石油（Petroleum）**：一种由远古动植物遗体形成的化石燃料。

**势能（Potential energy）**：储存在系统内部的能量，取决于物体所处的相对位置。

**提高能效（Energy efficiency）**：通过改变技术，消耗更少的能源，完成同样的工作，从而达到节约能源的目的。

**透明（Transparent）**：允许光线通过，以便物体可以被看见。

**土地修复（Reclamation）**：将使用过的土地回归到原始或更佳状态的过程。

**吸热反应（Endothermic）**：吸收热量的化学反应，以获取更多能量来打破化学键。

**向心力（Centripetal force）**：使物体围绕圆心做曲线运动的力。

**原子（Atom）**：构成物质的微小的粒子，所有的物质都是由原子组成的。

**折射（Refract）**：波的弯折传播现象。

**振动（Vibration）**：物体受到干扰时来回运动的现象。

**质量（Mass）**：物体所含物质的量的度量。

**重力（Gravity）**：物体间具有相互的吸引力。我们会被吸或拉向地面，是由于受到地心引力（重力）的作用。

# 网络资源

## 关于能量

www.need.org

www.eia.gov/kids

www.eia.gov/energyexplained

www.energy.gov

www.energy4me.org

https://phet.colorado.edu

www.nrel.gov

www.energy.gov/energysaver/energy–saver

www.fueleconomy.gov

## 关于地球和宇宙

www.nasa.gov

www.usgs.gov

www.noaa.gov

http://climatekids.nasa.gov

# 致　谢

感谢NEED（美国国家能源教育发展项目）教师顾问委员会的成员们，无论在过去还是现在，感谢你们的考察、认可，感谢你们成功并愉快地开展了本书中所列的实验活动。

没有NEED团队的支持与帮助，这本书根本就不可能诞生。感谢你们，让能源教育成为可能！感谢你们，让每一天都有意义，令人兴奋！

朱迪思·克雷斯，感谢您在我写作过程中对我的耐心和一路给予我的鼓励。

丽兹·海拿克和安柏·普罗卡西尼，感谢你们的付出，将实验中的快乐和混乱都完美地捕捉了下来。

感谢所有的孩子们，做实验时虽然弄脏了双手，却又都充满着活力！

Georgia     John        Mikaylah    Maria       Barrett     Ayla        Adem

Scarlett    Cela        Wyatt       Grace       Charlie     Wyatt       Gray

AJ          Frankie     Cady        Kyra        Sarah       Carissa     Nico

Max         Alessa      Mia         Leo         Sarah       Elena       Svea

Paavo       Simon       Isaac       Anja        Gwen        Raya        Emily

Lily        Tessa       Lili        Annie       Nora        Ella        Jaden

May         Bridgett    Nick        Ava         Ellie       Carlo       Harper

# 关于作者

**埃米莉·霍贝克（EMILY HAWBAKER）**

她对科学和教育一直充满着热情和激情。在宾夕法尼亚州立大学就读时，主修地球科学兼修自然科学教育。学成毕业后，开始在离费城不远的宾夕法尼亚州特拉华县教授八年级科学课。她所在的学校参与了一个能源教育项目，在NEED课程材料的帮助下，学生们学习能源方面的知识，并将所学传授给他人。埃米莉看到她的学生们在参与这个项目时非常活跃，这激发了她对能源教育的热情。

几年后，埃米莉离开课堂，全职加入NEED并成为课程主管。她参与研发活动，设计新的课程材料，作为导师与教师们分享她对能源教育的热情，在全国各地和世界各地为学生活动做规划。甚至，埃米莉每次都能再回到她以前的学校开展活动！和同学、老师们一起快乐地学习，是她持续前进的动力。

　　除了阅读、写作和研讨，埃米莉日常喜欢在费城逛街、慢跑、航海、旅行，还有用激光笔逗弄她养的猫咪。

美国国家能源教育发展项目（NEED）成立于1980年，是以促进能源意识教育为目的的一个非盈利性社会组织。NEED组建了一个由学生、教育工作者、企业、政府和社区领导人组成的网络，设计并提供客观的、多方面的能源教育方案。

NEED的课程和培训，让教师和学生参与进来，从身边的世界了解能源。能源是我们日常生活的基础，了解能源对每个人及全球社会的影响是十分重要的。NEED的活动，运用了"孩子教孩子"的方法，通过学生实验、探索和研究，来学习能源知识，再让孩子向家人、同龄人和社区居民分享他们的知识。

想要了解更多关于NEED的信息，以及课程方案和学生活动，请访问www.need.org。

# 教育发展项目（NEED）

# 译后记

本书由我们4位同事一起合作翻译，我们都是初高中学段的科学老师，和学生们一起通过实验感受科学的有趣和神奇、探索科学的本质是我们每天的工作。在翻译这本《给孩子的能量实验室》的时候，作为老师和成年人，我们也深深地被书中丰富有趣的实验所吸引。40个简单易做的实验，步骤清晰、配图详实，辅以深入浅出的科学原理解释，符合孩子们的认知规律，也有利于激发他们对科学的兴趣，培养他们节能环保的生活观念。

对学生而言，"能量"相关知识需要一个长时间的学习和理解过程，是一个从具象到抽象，从个别到整体，从宏观到微观的过程。

对"能量"这一核心概念的学习一直贯穿于基础教育的各个学段，根据不同阶段学生的认知特点，提出了不同层次的学习要求。例如，在学前阶段，主要学习和探索与"能量"相关的现象，如声音、冷热、光影等；进入小学之后，在前期经验的基础上，小学生开始认识不同形式的能量，理解运动、声、光、热、电、磁的自然现象和基础概念，结合日常生活中的应用理解各种能量形式之间的转换；进入初中之后，开始涉及更加具体的"能量"定义及计算方法，初步建立用能量转换与守恒的观点分析问题的意识。

这本书中的40个能量实验以通俗易懂的方式，向孩子介绍什么是能量、能量与我们生活的关系，十分具有可操作性。适合为学前和小学阶段的孩子储备丰富的关于能量的经验与体验，帮助他们从日常生活现象入手，对能量建立初步的认识和理解。温度、光线、声音、运动、食物、电器、化学反应……一个个生活中司空见惯的现象和物品，孩子们平时可能丝毫不会去留意，但在动手做完书中的实验，得知原理后，就会恍然大悟：原来生活中处处有能量！我们时时都在转换能量、利用能量、消耗能量。等到在课堂上再正式与"能量"打交道时，也就不会那么陌生了。

另一方面，这本书也向我们提供了一个十分重要的启发——原来实验不一定都要在实验室中才能完成。只要使用生活中唾手可得的简单材料，在成年人的监护下确保安全，孩子们完全可以自己去尝试、感受、合作和探索。

从生活中的问题出发，预测、观察、测量、总结，这本就与真正的科学研究过程类似。在平时的教学中，我们也会试着用这种思路来启发学生。例如，在实验课上，让学生尝试用不同的方法，去研究课本中的一个问题。在实验后的总结阶段，让学生想一想：

研究这一问题，还可以用哪些方法？
这些方法还可以研究哪些其他的问题？
你在生活中有没有遇到过其他想进一步研究的问题？

我们认为，这些问题即使不便于在实验课上解决，也可以拓展他们的思路。在如此尝试后，我们惊喜地发现，学生提出的个人研究课题变得更丰富了！再也不是局限于重复前人的实验，或仅仅是在课堂实验的基础上改变一些变量，而是多了许多对日常生活问题的思考与探索，使得研究充满了挑战。可见，来自书中启发的动手实践加上发散性思考的学习方法，对孩子们而言很有效果！

希望拿到这本书的孩子以及家长都能动手做做书中的实验，这不仅会带来亲密的亲子互动、有趣的同伴交往，还能让孩子体验科学研究是怎么一个过程，教会孩子如何在错误中得到经验、如何提出创意、如何坚持，这对于培养孩子的创造性思维至关重要。毕竟科学不是"读"出来的，而是"做"出来的！

本书译者（排名不分先后）
还妍（上海市民办平和学校科学、生物实验老师，指导高中IBDP生物实验课和学生个人课题）
徐婧（上海市民办平和学校高中部校长、IBDP协调员、资深IBDP化学教师）
李宁娟（上海市民办平和学校高三年级组长，资深IBDP化学教师）
方圆（上海市民办平和学校IBDP生化环境教研组副组长、资深IBDP生物教师、ESS教师）

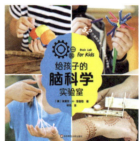

FOR KIDS
LAB

给孩子的实验室系列